水产养殖业绿色发展技术丛书

大黄鱼
绿色高效养殖
技术与实例

DAHUANGYU
LÜSE GAOXIAO YANGZHI
JISHU YU SHILI

宋 炜 主编
农业农村部渔业渔政管理局 组编

中国农业出版社
北 京

丛书编委会

本书编写人员

主　编　宋　炜

副主编　谢伟铭　刘家富　徐永江　谢正丽

编　者　（按姓氏笔画排序）

马凌波　王　磊　王兴春　王启要　王武卿

王鲁民　甘　武　刘永利　刘招坤　关长涛

李新苍　吴怡迪　应　勇　陈　佳　陈　恒

陈志鹏　茅兆正　周海华　郑汉丰　郑炜强

俞　淳　施继军　桂福坤　徐　鹏　黄伟卿

曹　平　韩承义

丛书序 PREFACE

2019年，经国务院批准，农业农村部等10部委联合印发了《关于加快推进水产养殖业绿色发展的若干意见》(以下简称《意见》)，围绕加强科学布局、转变养殖方式、改善养殖环境、强化生产监管、拓宽发展空间、加强政策支持及落实保障措施等方面作出全面部署，对水产养殖业转型升级具有重大意义。

随着人们生活水平的提高，目前我国渔业的主要矛盾已经转化为人民对优质水产品和优美水域生态环境的需求，与水产品供给结构性矛盾突出与渔业对资源环境的过度利用之间的矛盾。在这种形势背景下，树立“大粮食观”，贯彻落实《意见》，坚持质量优先、市场导向、创新驱动、以法治渔四大原则，走绿色发展道路，是我国迈进水产养殖强国之列的必然选择。

“绿水青山就是金山银山”，向绿色发展前进，要靠技术转型与升级。为贯彻落实《意见》，推行生态健康绿色养殖，尤其针对养殖规模大、覆盖面广、产量产值高、综合效益好、市场前景广阔的水产养殖品种，率先开展绿色养殖技术推广，使水产养殖绿色发展理念深入人心，农业农村部渔业渔政管理局与中国农业出版社共同组织策划，组建了由院士领衔的高水平编委会，依托国家现代农业产业技术体系、全国水产技术推广总站、中国水产学会等组织和单位，遴选重要的水产养殖品种，邀请产业上下游的高校、科研院所、推广机构以及企业的相关专家和技术人员编写了这套“水产养殖业绿色发展技术丛书”，宣传推广绿色养殖技术与模式，以促进渔业转型升级，保障重要水产品有效供给和促进渔民持续增收。

这套丛书基本涵盖了当前国家水产养殖主导品种和主推技术，围绕《意见》精神，着重介绍养殖品种相关的节能减排、集约高效、立体生态、种养结合、盐碱水域资源开发利用、深远海养殖等绿色养殖技术。丛书具有四大特色：

突出实用技术，倡导绿色理念。丛书的撰写以“技术＋模式＋案例”的主线，技术嵌入模式，模式改良技术，颠覆传统粗放、简陋的养殖方式，介绍实用易学、可操作性强、低碳环保的养殖技术，倡导水产养殖绿色发展理念。

图文并茂，融合多媒体出版。在内容表现形式和手法上全面创新，在语言通俗易懂、深入浅出的基础上，通过“插视”和“插图”立体、直观地展示关键技术和环节，将丰富的图片、文档、视频、音频等融合到书中，读者可通过手机扫二维码观看视频，轻松学技术、长知识。

品种齐全，适用面广。丛书遴选的养殖品种养殖规模大、覆盖范围广，涵盖国家主推的海、淡水主要养殖品种，涉及稻渔综合种养、盐碱地渔农综合利用、池塘工程化养殖、工厂化循环水养殖、鱼菜共生、尾水处理、深远海网箱养殖、集装箱养鱼等多种国家主推的绿色模式和技术，适用面广。

以案说法，产销兼顾。丛书不但介绍了绿色养殖实用技术，还通过案例总结全国各地先进的管理和营销经验，为养殖者通过绿色养殖和科学经营实现致富增收提供参考借鉴。

本套丛书在编写上注重理念与技术结合、模式与案例并举，力求从理念到行动、从基础到应用、从技术原理到实施案例、从方法手段到实施效果，以深入浅出、通俗易懂、图文并茂的方式系统展开介绍，使“绿色发展”理念深入人心、成为共识。丛书不仅可以作为一线渔民养殖指导手册，还可作为渔技员、水产技术员等培训用书。

希望这套丛书的出版能够为我国水产养殖业的绿色发展作出积极贡献！

农业农村部渔业渔政管理局局长：刘新中

2021年11月

前　言 PREFACE

2019年初，由农业农村部等十部委联合印发的《关于加快推进水产养殖业绿色发展的若干意见》（以下简称《意见》）是新中国成立以来第一个经国务院同意，专门针对水产养殖业的指导性文件，对水产养殖业转型升级具有重大意义。为贯彻落实《意见》精神，加深对《意见》重点内容的理解，凝聚水产养殖业绿色高质量发展共识，更好地推动水产养殖业绿色发展，农业农村部渔业渔政管理局联合中国农业出版社组织策划"水产养殖业绿色发展技术丛书"，遴选重点水产养殖品种介绍推广绿色技术和模式，要求以通俗的科普语言，充分展示水产养殖绿色发展成果，引领示范水产养殖绿色发展方向。值此契机，编者组织大黄鱼产业研究、应用和管理的科研院所、高校、水产技术推广机构、地方行政管理部门，以及生产企业的相关专家、技术人员和管理人员编写了本书，以期推动大黄鱼产业转型升级，实现绿色高质量发展。

大黄鱼是我国特有的地方性海水鱼类，素有"国鱼"之称，大黄鱼曾与小黄鱼、带鱼、乌贼并称为我国渔业资源的"四大海产"。大黄鱼作为我国海水鱼类的典型代表，其产业较早地经历了从资源濒临枯竭无法形成渔汛到科技攻关形成人工养殖产业的发展历程，不仅使种质资源有幸得以保存与恢复，而且使大黄鱼重新回到了人们的餐桌上。大黄鱼成为我国自主研发和独有的养殖鱼类，直接带动了我国海水网箱养殖业的发展，也被列为我国深远海养殖发展规划的重要养殖品种。通过各界30余年的努力，大黄鱼成为我国养殖产量最高的海水鱼类和八大优势出口养殖水产品之一。2019年全国养殖大黄鱼产量22.55万吨，占全国百种养殖海水鱼总产量160.58万吨的近1/7。大黄鱼产业已形成由苗种繁育、多模式养成、渔药饲料、渔机网具制造、仓储物流、加工贸易、休闲旅游、宾馆餐饮等行业组成的完整产业链，从业人员约30万人。福建省宁德市是我国大黄鱼产业的发源地和规模最大的养殖基地，近年来，在国家海水鱼产业技术体系协助下，宁德市政府开展“海上养殖综合整治行动”，科学规划选址布局，缩减养殖规模，全面推广高密度聚乙烯（HDPE）抗风浪型环保网箱代替木质网箱。通过综合整治举措，海水水质得到净化，海域生态景观和水域环境实现明显改善，原本长期困扰养殖户的“白点病”也得到了有效遏制，养殖大黄鱼成活率大幅提高，品质持续提升，大黄鱼收购价格由24元/千克提高到32元/千克以上。在农业农村部渔业渔政管理局和地方政府的大力推动下，各地通过因地制宜地推广大黄鱼生态养殖方式，提高养殖技术，进行鱼病有效防控，提倡“即捕就地即加工”，打造大黄鱼文化、培育品牌、开拓市场等多措并举，并加快延长深远海大黄鱼养殖产业链，实现现代渔业养殖、水产品加工、技术研发和大型养殖装备制造等产业融合发展，将助力大黄鱼养殖提质增效，大黄鱼产业发展前景广阔。

本书第一章介绍了大黄鱼分类地位与地理分布、经济价值与营养价值、产业发展历程、养殖产业现状和对策与建议等，让读者能认识到大黄鱼是我国特有的重要海洋经济鱼类，了解大黄鱼养殖产业发展情况。第二章以通俗的科普语言简要介绍了大黄鱼形态特征、生态特征及种质资源与新品种研发等，让读者进一步认识大黄鱼基本特点，了解大黄鱼新品种开发情况。第三章和第四章分别围绕大黄鱼绿色高效养殖技术及案例展开介绍，包括大黄鱼人工繁殖技术、苗种培育技术、人工养殖技术、营养需求与饲料、主要病害及防控等，以及宁德近岸网箱、舟山深水网箱、舟山连岸式围网、台州大陈岛围网等绿色高效养殖实例，以“技术＋模式＋案例”的主线，技术嵌入模式，模式改良技术，详细介绍大黄鱼绿色高效养殖技术和标准化生态健康养殖技术，让读者感受到大黄鱼健康养殖与绿色发展新理念。最后，本书介绍了大黄鱼优秀生产企业，以期让读者了解现代化大黄鱼生产企业的经营理念及大黄鱼产业发展愿景。

本书编写得到了中国水产科学研究院东海水产研究所、中国水产科学研究院黄海水产研究所、中国水产科学研究院渔业机械仪器研究所、浙江海洋大学、厦门大学、华东理工大学、福建省闽东水产研究所、宁德市生产力促进中心、宁德市水产技术推广站、台州市椒江区农业农村和水利局、中国渔业协会大黄鱼分会、宁德市富发水产有限公司、宁德市鼎诚水产有限公司、舟山施诺海洋科技有限公司、台州市椒江汇鑫元现代渔业有限公司、台州市大陈岛养殖有限公司、台州市恒胜水产养殖专业合作社的积极参与和大力支持。此外，中国农业出版社对本书的出版给予了大力支持，在此一并表示感谢。

由于编写时间仓促，加之编者水平有限，本书难免有不足之处，恳请有关同仁及读者批评指正。

2020年12月

目 录 CONTENTS

第三章　大黄鱼绿色高效养殖技术/49

第一章 大黄鱼养殖概况

第一节 大黄鱼分类地位与地理分布

一、分类地位

大黄鱼的学名为 *Larimichthys crocea*（Richardson，1846），英文名为 Large yellow croaker，隶属于硬骨鱼纲（Osteichthyes）、辐鳍亚纲（Actinoptevygii）、鲈形目（Perciformes）、石首鱼科（Sciaenidae）、黄鱼属（*Larimichthys*）。大黄鱼是我国“国鱼”，又称黄鱼，在全国各地有多种俗称，在广东俗称红口、黄纹、黄鱼、金龙、黄金龙等；在福建俗称黄鱼、红瓜、黄瓜、黄瓜鱼、黄花鱼等；在江苏、浙江、上海俗称大鲜、大黄鱼等；在辽宁、山东俗称大黄花鱼等。因其体色金黄，唇部橘红，人们视之为吉祥物，将其誉为“长命鱼”“黄鱼小姐”（彩图 1）。早年大黄鱼曾与小黄鱼、带鱼、乌贼并称东海、黄海渔业资源的“四大海产”，而东海、黄海大黄鱼资源占我国大黄鱼资源的 90%以上，是我国大黄鱼资源的主要群体。

二、地理分布

大黄鱼主要栖息在北纬 34°以南的我国近海，分布于黄海的山东半岛以南，经东海、台湾海峡至雷州半岛以东的沿海海域，为暖温性亚热带海域中下层集群的洄游性鱼类。大黄鱼通常生活在我国60米等深线以内沿岸浅海的中下层，浙江、福建沿海和广东琼州海峡东部全年均能见到。大黄鱼在历史上主要的产卵场、越冬场和渔场自北向南有：黄海南部的江苏吕泗洋产卵场，东海北部的长江口—舟山外越冬场、浙江的岱衢洋产卵场，东海中部的浙江猫头洋产卵场、瓯江—闽江口外越冬场，东海南部的福建官井洋内湾性产卵场，南海北部广东珠江口以东的南澳岛—汕尾外海渔场和广东西部的硇洲岛一带海域产卵场等10多处。大黄鱼捕捞旺季，在浙江、福建沿海每年以4—6月为主，9—10月也有部分产量，广东沿海10月至12月上旬为主要渔获期，我国捕捞大黄鱼产量以浙江第一，福建第二，广东第三，浙江舟山、福建闽东、广东南澳渔场捕捞的大黄鱼最为著名。

第二节　大黄鱼的市场价值

一、经济价值

大黄鱼因体色金黄，唇部橘红，在我国福建、广东、香港、澳门、台湾地区被视为财富和吉祥的象征；而其肌肉呈蒜瓣状，质细嫩、色洁白，味道鲜美，营养丰富，易于被人体吸收，为我国人民传统的美食，备受海内外华人的青睐（彩图2）。大黄鱼已是全国最大规模的海水网箱养殖鱼类和我国八大优势出口养殖水产品之一，也是福建乃至我国独具特色和国内市场上最畅销的海水鱼类，市场遍及北京、上海、广州、深圳、大连、宁波、重庆、西安、乌鲁木齐等沿海到西部的许多大中城市和香港、澳门、台湾地区，以及韩国、新加坡、美国等国家。据《2020中国渔业统计年鉴》，2019年我国大黄鱼养殖产量22.55万吨，其中福建18.65万吨，占全国总产量的82.70%。福建大黄鱼产业已形成由原良苗种繁育、配合饲料研发生产、渔机网具制造、仓储物流、加工贸易及旅游餐饮等行业组成的完整产业链。目前，仅宁德市大黄鱼产业直接和间接带动从业人员就 10 多万人（图 1-1）。例如蕉城区三都镇农业收入的 50%以上靠大黄鱼来贡献，其中秋竹村全村 90%以上的村民从事大黄鱼养殖相关产业。

图 1-1 我国大黄鱼之都——福建宁德

二、营养价值

众所周知，大黄鱼和众多鱼类一样，具有高蛋白质、低脂肪、低胆固醇的特点，是营养佳品。据测定，在福建官井洋捕捞的大黄鱼可食部分约占鱼体重的 64%；每 100 克鱼肉含热量 87 千焦，水分 79.4 克，蛋白质 17.4 克，脂肪 2.2 克。同时，大黄鱼还富含二十碳五烯酸（EPA）、二十二碳六烯酸（DHA）等不饱和脂肪酸和牛磺酸，它们是婴幼儿生长发育的必需品，能促进大脑生长发育，并增强机体免疫能力。除此之外，大黄鱼刺少肉多且肌纤维短，肉质细嫩，婴幼儿容易摄食和消化，是婴幼儿难得的适口食品。当然，与大黄鱼同类的梅童鱼等黄鱼属鱼类更好，但它是野生的，价格贵且体型小、肉量少，对消费者而言还是大黄鱼实惠，体型大且肉质嫩。

以大黄鱼为原料烹饪的清煮鱼、清炖鱼、红烧鱼、滑片鱼、油煎鱼、熏鱼、油炸鱼、生炒鱼、盐渍鱼及糟菜鱼、咸菜鱼等风味各异的菜肴多达 50 多道（彩图 3 至彩图 27）。除此之外，大黄鱼尚可加工成不同风味的鱼鲞等；卵巢、胃囊、肝脏可加工成调味的即食食品。大黄鱼不仅肉质肥厚、脆嫩、味道鲜美、易于被人体消化吸收，而且还有很高的药用价值。黄花鱼的鳔、肉、胆均可治疗疾病。《本草纲目》中记载：黄鱼味甘、性平，有明目、安神、益气、健脾开胃等功效；耳石具有清热去瘀、通淋利尿的作用；鳔具有润肺健脾、补气止血作用；胆具有清热解毒功能。

第三节　大黄鱼产业发展历程

因大黄鱼野生资源被捕捞殆尽（彩图 28），其人工养殖产业发展成为必然。1985 年，我国福建省有关部门立项“大黄鱼人工繁殖及育苗技术研究”并首获成功。经过 30 多年发展，大黄鱼现已成为我国最大规模的海水养殖鱼类。在国家有关部委和地方政府的科技与渔业等部门及社会各界的共同努力下，大黄鱼养殖技术在跨越 7 个“五年计划”的研发历程中，主要经历了如下 5 个发展阶段（刘家富，2013）：

“六五”计划后期的人工育苗初试阶段（1981—1985 年）。在福建省水产厅的支持下，1985 年春，宁德地区水产科技人员利用官井洋内湾性大黄鱼产卵场的条件，组建了大黄鱼人工育苗初试课题组，通过努力钻研，破解了大黄鱼具有临产亲鱼不摄食、潮流变化影响卵母细胞成熟分裂与排卵，以及产卵活动需要特定的海区综合生态环境条件刺激等难题后，探索了采捕临产亲鱼的最佳海区、渔具、时限及雌雄亲鱼选择等关键技术，首获大黄鱼海上人工授精、室内人工育苗的成功，培育出了平均全长 21.9 毫米的苗种 7 343 尾，并以此技术路线开始构建大黄鱼全人工育苗的基础亲本群体。为缩短研究周期，项目组还突破了野生大黄鱼保活、驯养与亲鱼强化培育技术，以加快大黄鱼全人工育苗基础亲本群体的构建。同时，探索了海上网箱和池塘培育大黄鱼鱼种技术，为实现大黄鱼全人工育苗与研究增养殖技术奠定了重要基础。

“七五”计划期间的科技攻关阶段（1986—1990 年）。“七五”计划期间将“大黄鱼人工育苗量产及其增养殖应用技术研究”作为重大科技攻关项目，先后在福建省科学技术委员会和农牧渔业部正式立项。在 1985 年初试成功的基础上，以刘家富为主的科研团队进一步优化和制定了大黄鱼人工育苗和增养殖应用的技术路线和实施方案，首创了一系列关键技术（图 1-2）：①1986 年，首创了利用海区潮流，在海上网箱的框架上张挂多口浮游生物网，高效、批量地采捕天然桡足类的技术，优化了大黄鱼育苗饵料系列，解决了大黄鱼仔稚鱼因缺乏高度不饱和脂肪酸的“异常胀鳔病”引起批量死亡的技术难题。②1987 年，首创了大黄鱼亲鱼麻醉和催产技术。对大黄鱼亲本采用丁香酚麻醉技术，以减少其应激反应导致死亡率过高，并采用促黄体激素释放激素（$LRH\text{-}A_3$）进行人工催产，其中丁香酚的麻醉技术为国内首次应用于海水鱼类。建立了大黄鱼全人工批量育苗的核心技术。③1987 年，首创了大黄鱼亲本室内增温强化培育和早春育苗技术，可避免布娄克虫等病虫害对网箱中间培育大黄鱼苗的严重危害，缩短商品鱼养殖周期。④1987 年，首次开展大黄鱼增殖放流，在官井洋大黄鱼产卵场标志放流平均全长 93.1 毫米的大黄鱼苗 6 126 尾，增殖放流 1 万尾。⑤1988 年，以添加复合维生素和微量元素方式首次解决了导致网箱养殖大黄鱼体形粗短、影响生长的营养缺乏症问题。⑥1990 年，实现了大黄鱼全人工批量育苗，随着大黄鱼人工繁殖与育苗综合技术的成熟，以及保活天然鱼与人工苗养殖鱼培育的大黄鱼亲鱼陆续批量成熟，实现了 104 万尾大黄鱼全人工批量育苗（图 1-3）。

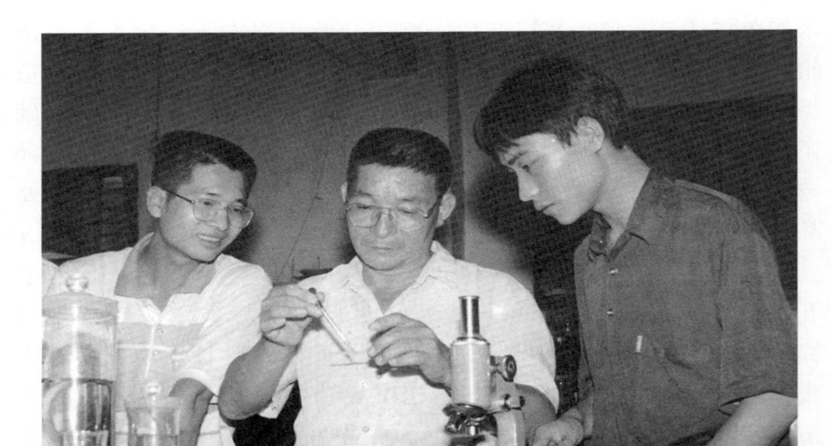

图 1-2　刘家富科研团队科技攻关

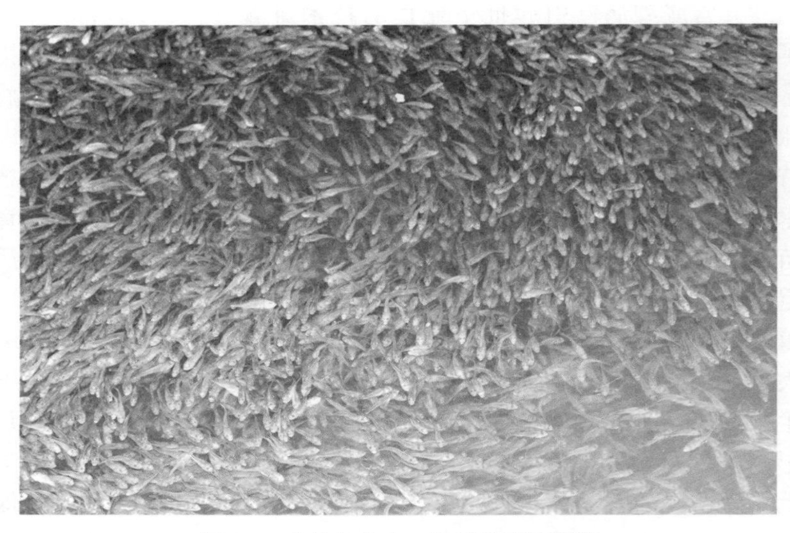

图 1-3　大黄鱼全人工批量培育的苗种

“八五”计划期间的养殖关键技术深化研究阶段（1991—1995年）。面对大黄鱼早期试养生长速度总体较慢，2龄鱼平均体重达不到250克，产生不了经济效益，多数人认为没有养殖开发前景的问题，以刘家富为主的研究团队通过个别试养鱼2龄体重可达500克以上、生长速度快的例子，力排“大黄鱼难养”和“养殖大黄鱼没有经济效益”的众议，于1991年3月提出了“瞄准养殖技术开发，创立闽东大黄鱼养殖支柱产业”的建议，以“大黄鱼养殖技术开发研究”为题，获得福建省人民代表大会常务委员会的支持，由福建省水产厅和科学技术委员会立项，开展了大黄鱼养殖关键技术研究和中间试验，当年成功取得平均体重达60克（最大体重为155克）、养殖成活率达48%的批量培育鱼种技术的新突破；1992年，先后取得大黄鱼网箱、土池批量养殖及早春、秋季等多季人工育苗成功的同时，指导养殖户开展池塘与网箱试养大黄鱼获得丰厚收入。此后，在福建省领导的关心下，福建省科学技术委员会于1994年和1995年先后下达了“福建沿岸大黄鱼养殖技术研究与开发”和“大黄鱼集约化养殖与人工育苗技术开发”项目，为大黄鱼养殖产业化奠定了基础。

“九五”计划期间的养殖技术产业化阶段（1996—2000年）。福建省大黄鱼养殖热于1996年开始兴起。在大黄鱼养殖技术应用推广过程中，诸如养殖网箱与池塘布局、规模化养殖技术、种质保持、健康苗种繁育、病害防控等产业技术问题亟待解决。福建省科学技术委员会和水产厅加强了大黄鱼养殖技术的示范与服务基地建设，组建了福建省大黄鱼养殖产业化技术服务队，并以宁德地区水产技术推广试验场为基地，向省内外提供大黄鱼养殖技术服务；组织编撰教材，先后举办了全国、全省及有关县多期大黄鱼养殖技术培训班；福建省科学技术委员会和水产厅还联合下达了包括“大黄鱼养殖示范基地建设”“养殖大黄鱼病害防治技术研究”“大黄鱼人工配合饲料研制”和“大黄鱼保活运输技术研究”等大黄鱼养殖产业化技术研究项目。农业部下达了“大黄鱼养殖产业化技术研究”（中华农业科教基金）和“大黄鱼健康养殖技术‘丰收计划’”等项目，有力地推动了大黄鱼养殖产业化的进程。自20世纪90年代初开始，正值我国因虾病肆虐导致养虾业滑坡之际，大黄鱼养殖技术的研发成功促进了我国南方海水鱼网箱养殖的快速发展，推动了我国“以大黄鱼等多种类为代表的第四次海水养殖浪潮”，为我国海水养殖业的发展做出了具有里程碑意义的贡献。

1997—1998年，大黄鱼养殖技术逐步向浙江、广东、江苏等省辐射。

1997年，浙江省引进福建宁德地区的大黄鱼苗种和技术进行网箱养殖，1998年，引进大黄鱼受精卵开展了人工育苗试验并获成功。该省养殖大黄鱼的主要海区有宁波市象山县西沪港海区和奉化市铁港海区；舟山市嵊泗绿华海区、岱山秀山海区、普陀六横海区；台州市淑江区大陈岛海区；温州市洞头和南麂海区等。但由于受自然条件（冬季温度低于大黄鱼对温度的需求）的限制，大黄鱼在浙江省网箱中无法安全越冬，只能靠福建的“南苗北调”进行季节性的两地对接养殖，加上生长期较短，养殖效果较差，限制了该省大黄鱼养殖业的发展，使其养殖产量多数年份一直停留在3 000吨左右。

1995年，广东省汕头市水产局同福建省宁德地区水产技术推广站合作，率先引进大黄鱼人工育苗技术，在潮阳市海门镇成功地进行了人工育苗。1997年开始分别在惠州市惠东县盐洲港、大亚湾开发区澳头港，潮州市饶平县柘林港，湛江市徐闻县等地开展大黄鱼网箱与池塘养殖试验。

1998年，江苏省开始在连云港市赣榆县与南通市启东县进行大黄鱼人工育苗试验，获得成功；还利培育的苗种进行了沿海垦区港道养殖试验。

“十五”计划至今，大黄鱼产业技术体系的构建和产业升级阶段（2001年至今）。大黄鱼养殖产业技术的提升是产业化后的永恒主题。为促进产业化进程及产业升级，大黄鱼养殖技术研究项目组在上级科技与渔业等主管部门的支持与指导下，致力于构建大黄鱼产业技术支撑体系。

1. 制定产业发展规划 2003年与2007年，农业部渔业局先后组织编制了第1期（2003—2007年）和第2期（2008—2015年）的《全国出口水产品优势养殖区域发展规划》，大黄鱼均被列入其中。福建省的宁德蕉城、霞浦、福鼎、福安与福州连江、罗源等地，以及浙江省的舟山普陀、宁波象山、台州椒江、温州苍南等地先后被列入我国大黄鱼的优势养殖区域。其中，福建省的大黄鱼养殖产量占全国的90%以上。福建省渔业部门先后委托宁德市渔业协会（原宁德市大黄鱼协会）起草了相应的两期《福建省出口大黄鱼优势养殖区域产业发展规划》（以下简称《规划》）。《规划》根据全国及优势养殖省、市、县的大黄鱼产业发展的历史沿革、现状、存在问题及发展目标，对大黄鱼的原良种繁育体系、保障体系、示范基地、龙头企业、信息网络等建设进行了整体规划设计，为大黄鱼产业的健康持续发展提供了科学依据。

2. 标准化工程 2001年以来，农业部启动了“从田头到餐桌”的食品质量安全“行动计划”，养殖标准化和产品质量安全便成为“十五”计划期间开始的大黄鱼产业升级的主要内容之一。有关部门先后起草并发布了《大黄鱼》(GB/T 32755—2016)、《大黄鱼配合饲料》(GB/T 36206—2018)、《良好农业规范 第23部分：大黄鱼网箱养殖控制点与符合性规范》(GB/T 20014.23—2008) 等国家标准，《无公害食品 大黄鱼》(NY 5060—2001)、《无公害食品 大黄鱼养殖技术规范》(NY/T 5061—2002) 等农业行业标准，《大黄鱼 亲鱼》(SC/T 2049.1—2006)、《大黄鱼 鱼苗鱼种》(SC/T 2049.2—2006)、《大黄鱼繁育技术规范》(SC/T 2089—2018)、《盐制大黄鱼》(SC/T 3216—2016) 等水产行业标准，以及《大黄鱼 标准综合体》(DB35/T 159.1～159.6—2001)、《注水大黄鱼判定方法》(DB35/T 1055—2001)、《大黄鱼围网养殖技术规范》(DB35/T 1350—2013) 等福建省地方标准。同时，大黄鱼主养区——福建宁德、福州两市及其相关县（市、区），在国家相关部委和福建省相关部门支持下，进行了大黄鱼原良种场、水产养殖病害防治站、海洋与渔业环境监测站、技术培训机构和信息网络等有关大黄鱼养殖标准化方面的基层科技能力建设。

3. 原良种繁育工程 1986年成立了以大黄鱼增殖放流为主要职能的宁德地区官井洋大黄鱼增殖站；从1998年起，在福建省宁德市濒临官井洋大黄鱼产卵场的蕉城区三都镇秋竹村里渔坛岸边，开始建设福建省国家级官井洋大黄鱼原种场，创建了一线实验室，构建了海上网箱活体种质库，保活、驯养、储存野生大黄鱼作为原种亲鱼。一方面扩繁原种子一代，进行海区增殖放流，扩大大黄鱼的自然种群；另一方面提供给养殖户养殖，以改善养殖群体的遗传多样性。与此同时，在福建省海洋与渔业局于2001年挂牌的“海水水产良种繁育基地”（宁德），利用原种亲鱼和选优的养殖大黄鱼亲鱼，开展了优良品系选育；建立了大黄鱼精子冷冻保存与人工授精工艺。宁波大学与浙江省宁波市海洋与渔业研究院分别于2002年和2010年先后利用从岱衢洋采捕、驯养的野生大黄鱼所培育的亲鱼进行了人工繁殖，前者的苗种大部分用于增殖放流，后者主要用于养殖。

2012年10月，全国水产原种和良种审定委员会秘书处组织专家，对宁德市富发水产有限公司申报的福建省官井洋大黄鱼原种场完成了国家级资格验收，其成为我国唯一一家国家级大黄鱼原种场（图1-4、图1-5）。

2015年9月，在各界有关部门的支持下，由福建福鼎海鸥水产食品有限公司、宁德市富发水产有限公司和厦门大学等高校、科研院所和企业承担的“大黄鱼育种国家重点实验室”由科学技术部批准建设（图1-6和彩图29）。

2016年3月，集美大学与宁德市官井洋大黄鱼养殖有限公司联合共建的国家级大黄鱼遗传育种中心获批建设。

这些均为我国大黄鱼原良种繁育工程建设奠定了基础。

4. 鱼病防控工程 随着大黄鱼网箱养殖规模的不断扩大，集约化程度的不断提高，尤其是受大黄鱼养殖效益的驱动，养殖网箱的无序、无度发展与过密布局使养殖区水流不畅、水质富营养化，

验收合格证

福建官井洋大黄鱼原种场：

经全国水产原种和良种审定委员会组织验收，你场符合国家级水产原(良)种场标准，验收合格。经我部批准，特发此证。

有效期五年

二〇一二年一月八日

图 1-4　福建省官井洋大黄鱼原种场国家级资格验收合格证

图 1-5　福建省官井洋大黄鱼原种场

养殖病虫害问题也愈加突出，成为制约大黄鱼养殖产业发展的重要因素之一。为推进大黄鱼产业化进程和产业的健康发展，从 1997 年起，依托福建省宁德地区水产技术推广站及其试验场，先后筹建了微生物实验室、鱼病病理实验室，引进一批水产专业毕业生充实鱼病防控队伍。1999 年，聘请水产养殖鱼病防控专家，先后开办了分别为期 1 个月和 2 个月的鱼病防治网络骨干技术培训班，为福建宁德、福州两地及其重点养殖县、乡培训了一支水产养殖病害防

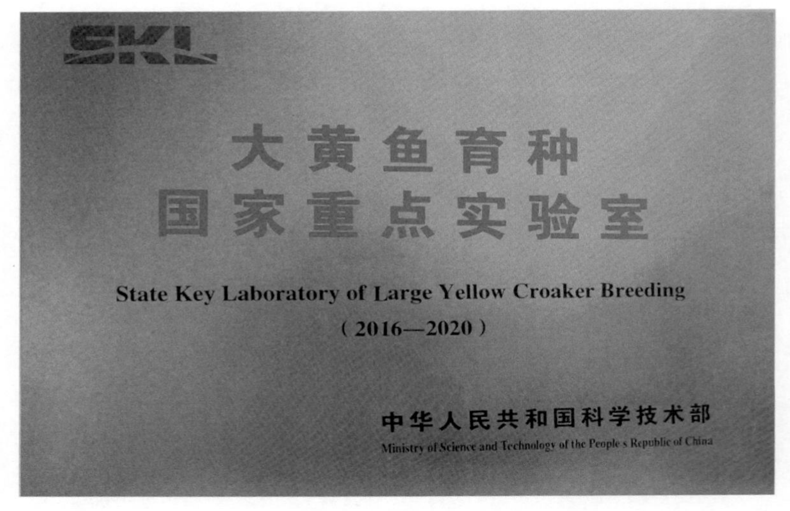

图 1-6　大黄鱼育种国家重点实验室牌匾

治技术骨干队伍，并于当年年底在大黄鱼主养区成立了以大黄鱼养殖业为主要服务对象的“宁德地区水产养殖病害防治站”。从 2000 年开始，在霞浦等县成立县级站，培训大黄鱼病害测报员，先后启动了包括大黄鱼在内的宁德市水产养殖动物病害测报与预报，以及全国与福建省水产技术推广总站下达的大黄鱼养殖病害月测报工作。福建省水产技术推广总站于 2010 年依托宁德市大黄鱼产业技术委员会，成立了以病害防治为主要任务的大黄鱼养殖技术服务队。在福建省基本建成了“省—市—县” 3 级水产病害防治网络。在上述基础上，通过不定期组织各县（市、区）水产技术人员和养殖业者开展大黄鱼病害防控技术培训，充实鱼病防控队伍，提高人员的业务水平；通过建设各县、市及重点养殖区病害防治监测点，为大黄鱼等水产养殖动物病害开展测报和预报，并定期在有关信息平台上发布；还通过接诊、坐诊、巡诊和技术咨询等方式开展服务；有的还同有关高等院校与科研院所合作，利用其病理实验室开展鱼病病理实验，积极开展大黄鱼主要养殖病害防控研究，努力提高大黄鱼病害防控技术水平。

2012年起，随着室内工厂化循环水养殖的兴起，福建省闽东水产研究所、宁德市富发水产有限公司等科研院所和企业开始尝试大黄鱼室内循环水养殖技术，但目前效果不佳，还是无法控制病虫害的发生。而2014年随着大黄鱼低盐养殖的研究逐渐深入，研究证实大黄鱼在低盐条件下养殖可有效防治刺激隐核虫病等，这为今后的室内循环水养殖提供了技术支撑。

5. 环境监测与产品检测工程 为给大黄鱼病害防控、养殖区环境保护、产品质量安全保障提供科学依据，1997年依托宁德地区水产技术推广站及其试验场，创建了一线水质化验室，培养监测与检测人才，购置监测船只，于1999年开始对大黄鱼主要养殖区的三都湾开展了每月两航次的定点、定期水质监测。监测指标包括水温、盐度、溶解氧、化学耗氧量、透明度、亚硝酸氮、硝酸氮、氨氮、活性磷酸盐、微生物、粪大肠菌群、赤潮生物种类与密度、生态学指标、沉积物、重金属等。这些监测数据每月均在刊物和网站的固定版块上发布，为省内外大黄鱼养殖业者与相关科技部门提供参考资料。为使该环境监测与产品检测工程能稳定地为大黄鱼产业提供服务，成为其技术支撑体系中的重要组成部分，在前期工作的基础上，2003年"宁德市海洋与渔业环境监测站"公益性事业独立法人单位经批准正式成立；2005年5月通过实验室计量认证。目前该单位承担的监测任务和主要工作有：①大黄鱼主养区三都湾水质量的月测报与预报；②福建省主要港湾环境质量监测；③重点增养殖区环境监测；④大黄鱼繁殖保护区环境监测；⑤渔业环境质量监测；⑥赤潮监控区监测监视；⑦生态监控区监测；⑧组织实施海洋与渔业环境调查、监视和评价，渔业污染事故调查鉴定；⑨定期发布海洋与渔业环境简报和编制环境质量报告书，为海洋环境决策与管理提供必要的科学数据；⑩为"宁德市出口大黄鱼公共技术服务平台"承担大量的大黄鱼养殖区环境监测和产品质量安全检测工作。目前在大黄鱼主养区的闽东地区，海洋与渔业、出入境检验检疫和质量监督等部门的检测机构已构建较为完善的大黄鱼养殖区环境监测和产品检测工程体系。

浙江省也建立了大黄鱼养殖环境监测和产品检测制度，大黄鱼养殖区每年都要进行多次环境监测和产品检测，主要由农业农村部或浙江省相关质量部门对大黄鱼产地和产品进行监测和产品抽查。特别是大黄鱼示范区重点单位，养殖企业每周都要进行自检、自查，储存所有的监测记录，重点检测禁用渔药残留等指标，严格按照示范区各项标准要求，指导渔商户实施生产，保障大黄鱼质量安全。

6. 冷链物流与产品加工工程 随着大黄鱼养殖业者的资本积累和品牌意识的提高、高速公路的开通、市场的开拓，以及消费者对产品品质和质量安全要求的日益提高，近年来，越来越多的从业者建起了大黄鱼的冷冻、加工厂，有的还同高等院校与科研院所合作研发大黄鱼的保鲜和加工产品；有的企业开发的去鳞、去鳃、去内脏的“三去”大黄鱼条冻产品，不但大大提高了大黄鱼产品的品质与质量安全，开发了其超市与其他高端市场，还为大黄鱼加工废弃物的深度加工（化工产品、药品和高档营养食品等）提供了原料。

7. 品牌工程 进入21世纪，随着大黄鱼产业发展与市场的扩大，消费者对大黄鱼质量要求及从业者品牌意识的提高，品牌工程建设便被提上了日程。大黄鱼品牌主要集中在福建、浙江两大主产区，尤其又以福建宁德的大黄鱼品牌数量最多、规模最大、知名度最高（表1-1）。

表1-1 大黄鱼企业品牌

序号	品牌商标	所属公司/企业	所属地区
1	岳海	福建岳海水产食品有限公司	福建宁德
2	三都港	宁德市金盛水产有限公司	福建宁德

（续）

序号	品牌商标	所属公司/企业	所属地区
3		宁德市夏威食品有限公司	福建宁德
4		福建福鼎海鸥水产食品有限公司	福建福鼎
5		福建省三都澳食品有限公司	福建宁德
6		福建省北极星生物科技有限公司	福建宁德
7		宁德市官井洋大黄鱼养殖有限公司	福建宁德
8		福建钦龙食品有限公司	福建宁德

宁德享有“中国大黄鱼之都”的美誉，是我国规模最大的大黄鱼商品鱼生产基地、苗种繁育养殖基地和产品出口基地，大黄鱼是宁德最具区域特色的海水养殖品种，宁德大黄鱼的养殖规模、产量及产值均居全国首位，在全国海水养殖中具有十分重要的地位。宁德大黄鱼产业发展有着得天独厚的区位优势。延绵的海岸线，星罗

棋布的港湾，世界级天然深水港三都澳水质良好，港口优势突出，拥有我国唯一内湾性大黄鱼产卵场官井洋，这些得天独厚的海洋资源条件为大黄鱼规模化养殖奠定了基础。宁德市东临东海，与台湾地区隔海相望，南接省会福州市，北接浙江，是福建离长江三角洲和日本、韩国最近的中心城市，为大黄鱼出口各国提供了便利。天时地利的区位优势和人文特色为宁德大黄鱼产业发展提供了天然的、丰富的基础资源支撑。

作为宁德的支柱产业，宁德市政府致力于打造宁德大黄鱼区域公用品牌。2005 年，宁德市政府组织宁德市渔业协会向国家质量监督检验检疫总局注册了占全国大黄鱼销量 90%的“宁德大黄鱼”地理标志。2012 年，宁德市渔业协会注册了“宁德大黄鱼”证明商标，并先后在全市大黄鱼企业的出口和内销产品中推广使用（图 1-7）。2016 年，“宁德大黄鱼”区域公用品牌获“中国驰名商标”，现已集“最具影响力水产品区域公共品牌”“中国百强农产品区域公共品牌”“中国十珍”等荣誉于一身，这些促进了大黄鱼产业的健康持续发展。2017 年，“宁德大黄鱼”区域公共品牌被浙江大学评估的价值为 16.71 亿元。与此同时，宁德市渔业协会还协助企业注册了一批大黄鱼的产品商标，现全市注册的大黄鱼品牌上百件，其中市知名商标 60 余件，省著名商标 40 余件，中国驰名商标 8 件。同时，越来越多的企业获得了大黄鱼的“无公害农产品”“绿

图 1-7　宁德大黄鱼商标

色食品”和“有机食品”等质量安全认证。近年来，宁德市为保障宁德大黄鱼质量安全，推进出口大黄鱼质量安全示范区建设，宁德市渔业协会逐步建设完善宁德大黄鱼溯源体系，实现宁德大黄鱼“一品一码”全过程可追溯，宁德大黄鱼区域公用品牌知名度与美誉度越来越高（图 1-8）。

图 1-8 宁德大黄鱼“一品一码”全过程可追溯

舟山渔场作为中国最大的渔场，其海鲜尤其是大黄鱼在全国很有名气，广受消费者喜爱。2009 年 2 月，浙江省舟山市水产加工与流通协会向国家工商行政管理总局商标局申请注册通过了“舟山大黄鱼”这一地理标志证明商标。舟山大黄鱼地理标志证明是我国第一个由行业协会申请注册成功的海鲜类地理标志证明商标。舟山大黄鱼地理标志证明商标成功注册后，大黄鱼的产品附加值得到显著提升，促进了渔业增效与渔民增收，舟山大黄鱼的区域性竞争力也得到显著提高。

浙江省象山县是大黄鱼的著名产地，属岱衢族大黄鱼，主要分布在象山港海域。经国家工商行政管理总局商标局认定，“象山大黄鱼”荣获国家地理标志证明商标。近年来，农业品牌化建设如火如荼，水产品区域公用品牌已成为县域经济发展的核心驱动力。为此，象山县抓住机遇，大力实施水产品品牌战略，积极主持推介农渔产品地理标志证明商标和区域公用品牌。2017 年，在由国家质量监督检验检疫总局发起、浙江杭州举办的 2017 中国农业品牌百县大会上，“象山大黄鱼”区域公用品牌价值为 1.88 亿元。随着公用品牌建设不断推进，“象山大黄鱼”品牌的知名度、产品附加值等显著提高。

大陈岛位于浙江省台州市椒江区东南 52 千米的东海海上，其周边海域是浙江省第二渔场，海水的盐度、水质和温度都十分适合大黄鱼生长（彩图 30）。“大陈黄鱼”具有体色鲜艳、肌肉呈明显蒜瓣状且结构紧密、肉质鲜美且无腥味、味上乘等优点，同时具鱼头大、体匀称、尾柄细等特点，其肉质和体型均接近野生大黄鱼（彩图 31）。从 1998 年开始，椒江区在大陈海域发展大黄鱼养殖，数十年如一日专心养殖大黄鱼，让大黄鱼养殖成为一个富民产业，现已成为浙江省最大的大黄鱼养殖基地，且以大型抗风浪深水网箱和大型围栏养殖为主的深海黄鱼养殖规模位于全国前列（图 1-9）。椒江区政府高度重视“大陈黄鱼”区域公用品牌建设，通过扶持产学研各环节、推进全产业链发展、加大品牌营销体系建设、完善品牌管理机制、挖掘大陈黄鱼文化等多种措施，力争把“大陈黄鱼”区域品牌打造为知名品牌，成为深受消费者喜爱的海产品。2018 年，椒江区被评为“中国东海大黄鱼之都”（图 1-10）。“大陈黄鱼”多次获浙江农业博览会金奖，先后被评为台州市著名商标、浙江省符号旅游产品。“大陈黄鱼”成功注册为国家地理标志证明商标（图 1-11），荣获 2017 年最受消费者喜爱的中国农产品区域公共品牌；2018 年被评为“年度最受消费者喜爱的中国农产品区域公用品牌”；2019 年被列入第二批“全国名特优新农产品名录”。大陈黄鱼的企业品牌“一江山岛”“大陈洋牌”“巨浪”等品牌具有很浓的地方特色，在全国生态黄鱼产业中独占鳌头（图 1-12、图 1-13）。2020 年，经国家

知识产权局质押登记，“大陈黄鱼”地理标志证明商标实现质押登记金额1亿元，被许可的使用人集体获得泰隆银行台州分行3 000万元质押授信。

图 1-9 台州市椒江区大陈大黄鱼养殖区

图 1-10 中国东海大黄鱼之都——台州市椒江区

大陈黄鱼

图 1-11　“大陈黄鱼”商标

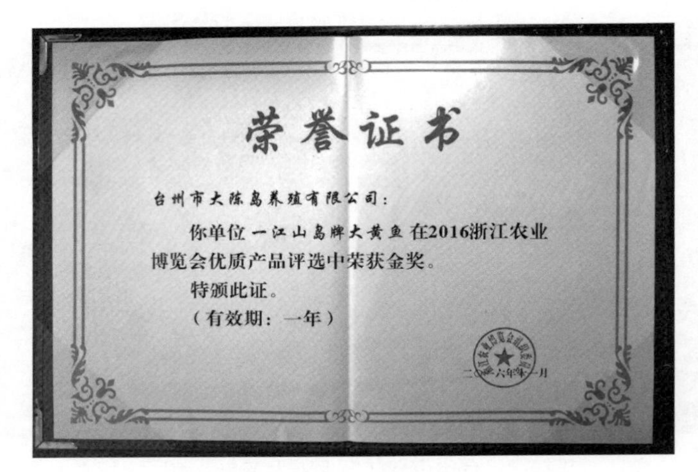

荣誉证书

台州市大陈岛养殖有限公司：

你单位一江山岛牌大黄鱼在2016浙江农业博览会优质产品评选中荣获金奖。

特颁此证。

（有效期：一年）

图 1-12　“一江山岛”获奖证书

图 1-13　大陈洋牌

8. 技术培训工程 从1997年起，大黄鱼主养区的各级水产科技部门都设立了技术培训专门机构，获得了社会力量办学、继续教育和农科教结合等培训资格，常年举办有关大黄鱼产业的技术培训班。主要针对大黄鱼的育苗与养殖、病害防控、产品加工等技术，以及其他水产养殖前沿技术等，对大黄鱼主养区的各县、市基层水产技术人员和大黄鱼产业的从业者进行技术培训，有效地提高了大黄鱼从业者素质，推动了大黄鱼主养区的人工育苗与养殖技术的推广。目前，每年都要举办多期各种不同类型、不同层次的与大黄鱼产业相关的技术培训班；培养了一大批大黄鱼繁育、养殖与加工等工种的初级工、中级工、高级工、技师与高级技师。技术培训工程成为大黄鱼产业技术体系的重要组成部分。

9. 产业信息化与"互联网+"工程 信息服务工程是大黄鱼产业技术支撑体系的重要组成部分，是为广大大黄鱼从业者、科技人员和政府提供快速的相关信息服务和技术交流平台。大黄鱼产业信息服务工程于2000年建成，由图书期刊资料室、《闽东海洋与渔业科技信息》《海洋与渔业信息摘编》和官井洋海洋与渔业网等组成，至今仍正常有序运行，不断地为大黄鱼业界提供产业与技术信息服务。随着现代信息科技发展，宁德市渔业协会于2015年还创建了"掌上大黄鱼网"（手机App），加快了大黄鱼信息交流和产品的销售（彩图32）。

10. 行业协会服务工程 2003年在我国大黄鱼主养区成立了宁德市大黄鱼协会（2004年更名为宁德市渔业协会），2011年成立了福建省大黄鱼产业技术创新战略联盟（福建省科学技术厅批准为省重点战略联盟），2013年以大黄鱼为主的宁德国家农业（海洋渔业）科技园区获批建设，2014年成立了中国渔业协会大黄鱼分会，2016年国家大黄鱼产业技术创新联盟成立，这些组织作为大黄鱼从业者与政府之间沟通的桥梁，在协调大黄鱼行业关系、规范行业行为、进行市场调研、开展行业服务和促进大黄鱼产业健康发展等方面做了大量工作。协会还组织福建省闽东水产研究所、宁德市海洋与渔业环境监测站、宁德市水产技术推广站等科技单位会员搭建了宁德市出口大黄鱼公共技术服务平台，组织会员企业成立了宁德市大黄鱼加工出口分会，加强对大黄鱼产业的服务；大黄鱼的重点养殖县（市、区）及乡（镇）也相应成立了大黄鱼养殖协会。

通过上述30多年的艰苦努力，从2014年起大黄鱼年产量均位列养殖海水鱼类产量之首。

第四节　大黄鱼养殖产业现状和对策与建议

一、大黄鱼养殖产业现状

（一）大黄鱼养殖产量

根据2019年的统计数据，大黄鱼海水养殖总产量达到22.55万吨，与2018年相比增幅高达13.93%（表1-2）。2019年福建、浙江、广东三省养殖产量分别为18.65万吨、2.39万吨、1.51万吨，分别占大黄鱼总产量的83%、10%和7%（图1-14）。2010—2019年我国大黄鱼养殖总产量总体呈现上升趋势，主要养殖省份为福建、浙江和广东，山东有零星养殖（表1-2）。

表1-2　2010—2019年我国大黄鱼各养殖省份产量（吨）

年份	全国总计	福建	广东	浙江	山东
2010	85 808	71 710	10 838	3 090	170
2011	80 212	73 214	4 773	2 225	—
2012	95 118	83 505	8 278	3 260	75
2013	105 230	92 289	9 594	3 275	72
2014	127 917	114 502	9 590	3 745	80
2015	148 616	131 242	10 582	6 512	280

（续）

年份	全国总计	福建	广东	浙江	山东
2016	165 496	146 514	9 809	9 173	—
2017	177 640	150 542	12 516	14 582	—
2018	197 980	165 378	13 951	18 651	—
2019	225 549	186 514	15 103	23 932	—

数据来源：2011—2020 年《中国渔业统计年鉴》。

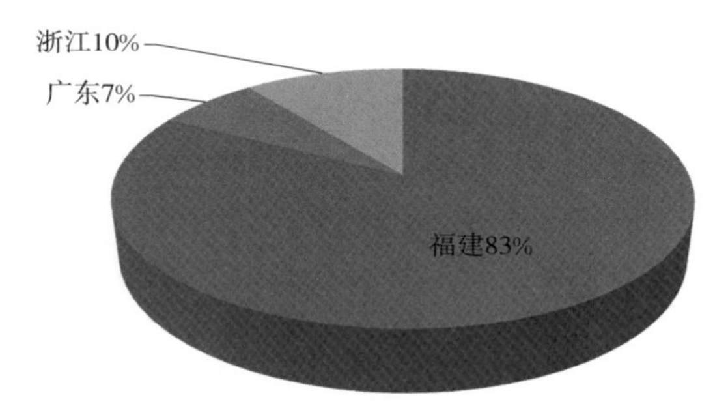

图 1-14　2019 年福建、浙江和广东大黄鱼养殖产量占比

（二）大黄鱼养殖主产区分布状况

福建省的大黄鱼养殖产区主要集中在福建省宁德市和福州市的沿海地区，包括福建省宁德市蕉城区、霞浦县、福安市、福鼎市和福州市罗源县、连江县。宁德市作为我国大黄鱼人工养殖的发源地和最大规模的育苗、养殖基地，现有大黄鱼养殖网箱约 44 万个。2019 年产量 16.4 万吨左右，占全国的 80%以上，全产业链产值超百亿元。现有大黄鱼加工企业 50 多家，通过质量标准（QS）认证的有 20 多家，拥有国家级农业产业化龙头企业 1 家、省级农业产业化龙头企业 17 家，宁德市大黄鱼行业拥有 8 个中国驰名商标。产品销售至全国各地，出口市场遍布欧洲、美洲、东南亚、澳大利亚、非洲等 28 个国家和地区。

广东省大黄鱼养殖主要分布在湛江，其中又以湛江的硇洲岛、徐闻县东部沿海——琼海海峡北岸为主产区。浙江省大黄鱼养殖主要集中在浙江省宁波市象山县的象山港和象山高塘、石浦等象山南部海域。此外，浙江省温州市平阳县、瓯海区，舟山市嵊泗县、岱山县，台州市椒江区、大陈岛、黄岩区也有养殖分布。

（三）大黄鱼养殖模式

目前市场中流通的大黄鱼几乎都为人工养殖，养殖模式主要有普通网箱养殖、深水网箱养殖、围网养殖及多种养殖模式接力养殖等。此外，近年来多地正积极转变渔业发展方式，调整渔业结构，探索深远海养殖模式，养殖空间由湾内向湾外、浅海拓展。2019年6月，浙江省首座大型智能深水网箱“嵊海1号”在嵊泗海域被成功投放入海（图1-15）。该网箱箱体为全钢制六棱柱结构，总高22米，周长116米，对角线长度达38米，总养殖水体1万$米^3$；具备智能半潜和全潜功能，最深可下潜至水下15米深处。目前处于

图1-15　浙江省首座大型智能深水网箱“嵊海1号”

试养阶段，可养殖大黄鱼 10 万尾，预计年产值可达 500 万元。2020 年 5 月，国内首座单柱式半潜深海大型渔场“海峡 1 号”在距离福建省宁德市约 30 海里处的外海顺利完成浮卸并开始系泊安装（彩图 33）。按照海洋工程行业标准设计，其网箱直径 140 米，有效养殖高度 10 米，有效养殖水体 15 万米^3，利用半潜式深海渔场养殖平台及台山列岛海域良好的水文条件，进行大黄鱼仿野生养殖，预计可年产大黄鱼 1 500 吨。

（四）大黄鱼育苗状况

大黄鱼人工苗种对于大黄鱼养殖产量有关键的作用。如表 1-3 所示，2010—2019 年，福建省年产鱼苗量占到全国总量的 88%以上，是我国最重要的大黄鱼鱼苗产区。其次为浙江省，2018—2019 年大黄鱼鱼苗数量占总鱼苗量的 11%以上。其余不足 1%零星分布在广东、广西、江苏、山东和辽宁等地。随着大黄鱼影响力的提高及育苗和养殖技术的不断成熟，大黄鱼的育苗产业版图有所扩展。2011 年，辽宁省尝试性进行大黄鱼育苗。自 2017 年起，江苏和广西开始大黄鱼育苗工作，截至 2019 年，江苏省育苗数量进一步增加。2019 年山东省也重新开始大黄鱼的育苗工作。

表 1-3 2010—2019 年我国大黄鱼鱼苗数量统计（万尾）

年份	全国总计	福建	广东	浙江	江苏	广西	山东	辽宁
2010	231 508.00	227 376.00	285.00	3 847.00	—	—	—	—
2011	207 688.00	203 185.00	318.00	4 115.00	—	—	—	70.00
2012	242 154.00	237 225.00	192.00	4 537.00	—	—	50.00	150.00
2013	182 791.00	175 700.00	339.00	6 702.00	—	—	50.00	—
2014	214 852.00	207 249.00	350.00	7 200.00	—	—	53.00	—
2015	279 085.00	258 353.00	95.00	20 582.00	—	—	55.00	—
2016	377 914.00	363 074.00	140.00	14 700.00	—	—	—	—
2017	391 472.10	375 579.00	186.50	15 575.00	100.00	31.60	—	—

（续）

年份	全国总计	福建	广东	浙江	江苏	广西	山东	辽宁
2018	325 674.80	287 880.00	252.00	37 411.00	100.00	31.80	—	—
2019	341 646.12	301 397.00	265.00	38 052.00	1800.00	32.12	100.00	—

数据来源：2011—2020 年《中国渔业统计年鉴》。

综合表 1-3 和图 1-16 来看，我国大黄鱼鱼苗数量整体呈波动上升趋势，但产业结构较脆弱，受自然灾害和病虫害影响严重，2013 年和 2018 年大黄鱼鱼苗数量有大幅度下降，同比下降分别为 24.5％和 16.8％。福建省大黄鱼鱼苗所占市场份额呈下降趋势，但仍占据主导地位。浙江省大黄鱼鱼苗数量总体呈上升趋势，已经成为我国第二大的大黄鱼鱼苗产区。

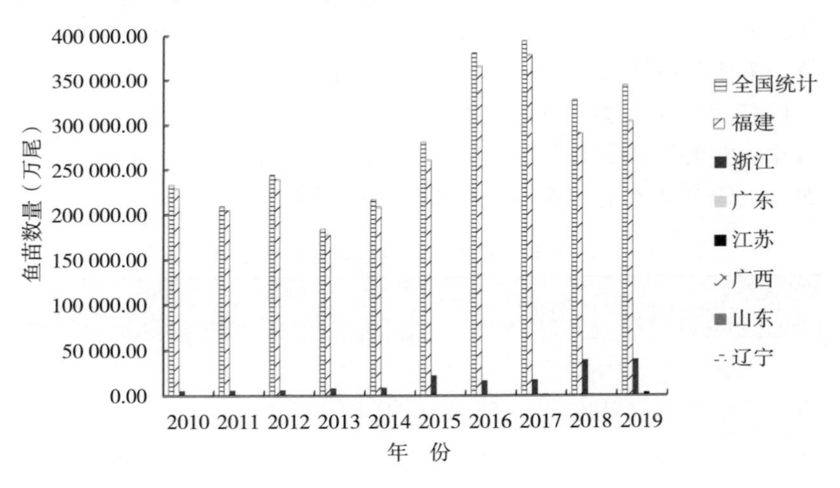

图 1-16 2010—2019 年我国大黄鱼鱼苗数量变化

二、面临的问题

（一）养殖网箱数量密度过高且布局无序

由于养殖者受大黄鱼养殖短期经济效益的驱动和政府有关机构

对大黄鱼养殖产业发展的宏观调控能力不足，大黄鱼养殖网箱在浅水港湾连片无序布局，造成网箱水体交换率显著下降、鱼的残饵与粪便在网箱区大量沉积，导致水质富营养化而暴发缺氧事件和病害，还增加了用药开支和大黄鱼产品的质量安全风险。

（二）低水平育苗场多，苗种质量无保障

由于育苗户以低苗价无序竞争，常使用劣质亲鱼进行近亲繁殖和超高密度、施药育苗，造成苗种先天种质与体质都很差。这些苗种不但成活率低，若逃逸入海，还会破坏大黄鱼自然种群的遗传结构稳定性。

（三）投喂以冰鲜杂鱼为主，大黄鱼全价人工配合饲料待优化

目前的大黄鱼养殖普遍使用冰鲜小杂鱼，冰鲜小杂鱼含有许多经济水生动物幼体，甚至珍贵种类，将之当作饵料会破坏水产资源；其容易流失或沉积海底、污染海域环境；冰鲜饵料常携带病原体并容易变质，养殖鱼摄食后易患病；需要配备冷藏、加工设备与大量劳力而增加养殖成本。

人工配合颗粒饲料质量尚未真正有保障，其效果不及冰鲜小杂鱼，有些饲料并非针对大黄鱼研制，一些专门的大黄鱼饲料也未能针对不同生长阶段、养殖模式和养殖环境的营养需求进行开发。目前推广的人工配合饲料仅约占养殖大黄鱼饲料的5%；一些人工配合颗粒饲料还存在连续使用后会引起大黄鱼食欲下降、生长停滞，或是饲料成本过高等问题，进一步影响了大黄鱼人工配合饲料的推广。

（四）病害防治的方法不科学，鱼病防治网络不健全

传统的鱼病防治方法是靠药物，渲染“药到病除”的“高超技术”。这是误区，和健康、绿色养殖的理念相对立。单纯用药往往治标不治本，如对大黄鱼危害最大的刺激隐核虫是因环境富营养化而流行。尽管福尔马林、硫酸铜等可将其灭杀，但若网箱密集布局、水流不畅，还会复发，因为不治本。只有网箱合理布局，水质好，才可能不复发，才是治标又治本，才是健康养殖。许多病原体对用过的杀虫剂与抗生素都会产生耐药性，再次使用时要加量，甚

至最后无效。许多渔药对鱼体有毒副作用，例如硫酸铜，使用一次后鱼2～3 天食欲都不佳，若多用 1～2 次，鱼就会死亡。同时，用药后还存在药物残留而影响养殖大黄鱼产品质量安全的问题。若单纯依赖药物，很可能会造成费钱、费力、费心，最终费产品的得不偿失局面。

另外，由于市、县、乡与测报点等基层鱼病防治机构能力建设力度不足，长期存在缺少人才与编制，缺少经费与必要的设备等问题，省级以上鱼病防治机构的许多研究成果无法在基层的生产中推广，导致鱼病防治网络的断层，与养殖生产脱节。

（五）产品加工与综合利用技术滞后

目前的大黄鱼第二产业发展滞后，大黄鱼多以冰鲜产品直接上市而弊病诸多，例如冰鲜大黄鱼受货架期影响，5～7 天后就会变质，无法长时间储藏以应对市场变化。同时也造成大黄鱼市场仅局限在交通方便、人口集中的大都市，无法开拓更加广阔的地市以下城乡市场；也不便于邮寄，不利于发展电商，因而造成大黄鱼销路窄。再加上很多大黄鱼企业大打价格战，低价走量的恶性低层次竞争时有出现，限制了产业的进一步发展。另外，冰鲜鱼销售时分散剖杀丢弃的废弃物，以及每年装鱼的大量泡沫箱、运销过程的冰水都会污染环境、影响环境卫生。此外，冰鲜鱼难以标识，难以追溯其质量安全。加上大黄鱼主产区水产品加工人才空缺，开发大黄鱼加工新产品及综合利用大黄鱼下脚料的技术研究尚未真正开始。

（六）品牌意识薄弱，监管力度不足，文化内涵挖掘不够

由于大黄鱼区域公用品牌建设起步比较晚，市场上出现一些大黄鱼的仿冒标识，严重冲击着优质大黄鱼品牌产品，造成相关企业惨重的经济和形象损失。大黄鱼产业链各环节如养殖、生产、加工、销售环节发生了侵蚀大黄鱼品牌资产和大黄鱼产品信誉的乱象，如从 2002 年开始，一些不法商贩受利益驱动违法对大黄鱼进行注水、染色，部分加工企业存在掺假行为，并造成恶性连锁反应，严重损害了消费者利益以及大黄鱼作为地理标志产品和区域公

用品牌的声誉。

随着大黄鱼产业逐渐变为卖方市场，大黄鱼区域公用品牌效应凸显，但是由于对大黄鱼区域公用品牌的授权、监督、管理等相对滞后，品牌监管、授权与退出机制还没有完善，出现例如擅自使用或伪造“宁德大黄鱼”地理标志名称及专用标志，使用与专用标志相近、易产生误解的名称或标识，不符合地理标志产品标准和管理规范要求却使用地理标志产品名称等大黄鱼区域公用品牌泛用滥用问题，地域品牌杂乱众多，良莠不齐。

虽然大黄鱼文化土壤厚重，文化内涵深厚，但是当前在大黄鱼的产业发展和品牌营销中，对大黄鱼的文化内涵挖掘力度不足、深度不够。

三、对策与建议

近年来，经业界努力，大黄鱼养殖区环境明显改善，养殖群体生长速度明显加快，育苗养殖技术水平及效率大幅提升，标准化及产品质量安全水平明显提高，企业阵容逐步壮大，品牌体系已经建成。总之，我国大黄鱼产业已经取得了很大的进展。但对照 10 部委提出的《关于加快推进水产养殖业绿色发展的若干意见》，以及大黄鱼产业高质量发展与建成我国精品渔业的目标，我们今后还有大量的工作要做。

（一）组建海上网箱养殖管理社区及健康养殖技术指导岗

2018 年以来，大黄鱼主养区的宁德市政府组织开展了海上网箱养殖区整顿，实施规范布局与健康养殖，并初见成效。为巩固整顿成果，应建立长效管理机制。当地政府应帮助各网箱养殖区搭建起各自的“海上网箱养殖管理社区”，以促进网箱养殖区按规划布局、保护养殖区环境、综合防控鱼病、实施安全用药、推广节能减排与高效养殖技术等。在此基础上，建议每 2～3 个临近的网箱养殖区设置 1 个海上网箱健康养殖技术指导岗，把科技人员对上述技术服务的端口下沉至网箱区，并实施任期 1 年的技术服务责任制。

（二）进一步规范网箱布局，优化网箱结构，改善养殖区环境

浮式网箱是大黄鱼养殖的主要模式，它不但生产了占总产量95%以上的商品鱼，还为其他大黄鱼养殖模式提供了大规格鱼种。自2018年起，宁德市政府组织开展了海上网箱养殖区整顿，清理了生态敏感区、航道等禁养区；对限养区与养殖区进行重新布局，并结合网箱的小改大、浅改深，统一换上了环保型的塑胶浮筒大型网箱。网箱占用海域面积减少，水面利用率提高，水流畅通，水质好，不但鱼病与用药大幅减少，提高了产品质量安全水平，而且水体单产也有显著提高，加上网箱的加大加深，总产量反而更高了，养殖业者的劳动效率也明显提高。这些均推动了大黄鱼产业高质量发展。但对照《无公害食品　大黄鱼养殖技术规范》（NY/T 5061—2002）农业行业标准规定的要求，目前新改造的塑胶浮筒大型网箱连片的面积均超过3 600米^2，仍偏大，造成养殖的大黄鱼“白点病”仍易流行。因此，应参照标准进一步规范网箱布局。

（三）加快大黄鱼原良种繁育工程建设

大黄鱼原良种繁育工程的任务包括收集、保存、更新大黄鱼原良种亲本。扩繁原种子一代，除了进行增殖放流以增加自然海域野生群体，保护我国大黄鱼种质资源，还要提供给养殖户养殖，以提高养殖群体遗传多样性。同时，培育出比原种大黄鱼生长速度更快、抗逆性更强、品质更好的新品系或新品种，为大黄鱼产业提供良种支撑。目前，已在广东、浙江两省立项建设多家有关大黄鱼的原良种场、现代渔业种业示范场、遗传育种中心、省/国家重点实验室等。但因种种原因，目前我国大黄鱼原良种繁育工程建设相对缓慢，大部分还无法验收，仅仅是搭建了框架。因此，加快原良种繁育工程建设是大黄鱼产业转型升级的当务之急。其主要措施是加大投入和加强管理。

（四）尽快以人工配合颗粒饲料替代冰鲜饵料

应尽快以人工配合颗粒饲料替代冰鲜饵料。目前大黄鱼人工配合颗粒饲料系数在1.5～2.0，虽偏高，但基本可行。只要饲料厂商与养殖户通力合作，不难在使用中完善。目前已有全程使用人工

配合颗粒饲料而收到较好效果的例子。投喂配合饲料还可减少鱼病的发生。尤其是浮性配合颗粒饲料，便于控制投喂量，有利环保及实现智能化投喂。养殖户要购买成规模、有品牌的厂家生产的质量有保证的饲料。政府部门要加强对人工配合颗粒饲料质量的监管。

（五）以健康养殖与综合措施防控鱼病

推广以防为主的鱼病综合防控等健康养殖技术。设置网箱海域要有良好水质，网箱应科学布局，保障良好的水质环境。投放种质优良、体质健壮的苗种，并控制适宜密度。适量投喂质量安全、营养全面的人工配合颗粒饲料。若要用药，首先以增强免疫力的药物开始，如渔用复合维生素、多糖类、中草药。若必须使用抗生素等渔药，也要精准用药。严禁使用违禁药物，准用渔药也要控制剂量及遵守休药期制度。

（六）大力发展大黄鱼第二、三产业

单纯的养殖业属于落后的传统农业，抗风险能力差。大黄鱼养殖业只有辅以第二产业（加工）与第三产业（冷链物流），才能稳步发展。新型冠状病毒肺炎疫情对大黄鱼产业的实际影响已是证明。

“三去”速冻产品可以作为大黄鱼第二产业突破口。大黄鱼即捕即进行去鳞、去鳃、去内脏等加工，再经冲洗—沥干—真空包装—速冻—冷藏等生产流程，能够保持大黄鱼原有的体形、体色与肉质，风味明显优于冰冻原鱼，与鲜鱼无异，产品品质有保证。“三去”速冻产品可明显标识品牌及生产的厂家、时间、地址，质量安全可追溯；可以“净菜”方式常年在广大城乡超市销售，对消费者而言既方便又实惠；便于储存邮寄，有利于发展电子商务，扩大销路；还可利用集中加工后留下的鱼鳔、鱼卵、精巢、肝脏、胃囊、鳞片、鳃等大量下脚料，通过深加工生产出高价值的食品、保健品、药品、禽畜配合饲料原料等，做到变废为宝、节能减排，以此延长大黄鱼产业的产业链，获取更大的产业效益。

但因受传统观念影响，人们总认为冰鲜的就是原汁原味的，市场上很少人问津“三去”速冻大黄鱼产品，厂家也少有加工，故目

前加工量很小，仅约占养殖大黄鱼总产量的1%。为此，政府要进行引导、加强宣传、出台优惠政策，鼓励生产“三去”速冻的大黄鱼产品。将来逐步做到所有养殖大黄鱼都要加工后出售；大力发展第二产业，增加劳动力就业，增加大黄鱼产品的加工附加值。

（七）加强行业协会建设，保障产业和谐发展

行业协会对产业的健康发展至关重要，是产业支撑体系中不可或缺的组成部分。为进一步发挥行业协会在大黄鱼产业转型升级中的作用，与大黄鱼产业相关的民间组织除了继续承担过去的一系列服务工作外，还可以承接政府委托的大黄鱼行业管理职能。例如大黄鱼养殖区的政府机构放权，或以购买服务方式，让行业协会组织履行诸如育苗室建造与育苗数量限额指标、网箱建造与布局、商品鱼质量安全、持证上岗等大量的管理工作，政府机关主要行使依法审批与监督职责。

（八）发掘大黄鱼历史文化，提升大黄鱼文化新内涵

大黄鱼具有独特的文化内涵，在我国民间有大量的传说和故事。大黄鱼体色金黄，象征着财富、吉祥和高贵。在大黄鱼产业转型升级中，要深入挖掘历史文化；同时还要坚持保护海洋生物资源与生态环境、健康养殖与绿色发展等新理念，应用“互联网+”等新手段，提升大黄鱼文化新内涵，进而带动大黄鱼产业发展。我国、韩国和东南亚等地都有在特定时节食用大黄鱼的风俗习惯，尤其是韩国有独特的大黄鱼饮食文化，宴席、节日、祭祀等都需要大黄鱼。应充分利用建设“一带一路”建设机遇，宣传大黄鱼饮食文化和风俗，研究大黄鱼的烹饪方法，开发大黄鱼产业的休闲观光价值。如在旅游季节举办大黄鱼节和大黄鱼书画摄影展，传承大黄鱼文化，举办大型推介活动，吸引大众关注，拓展国内外市场，实现大黄鱼产品的增值。

第二章 大黄鱼基本生物学特性

第一节 大黄鱼形态特征

一、体型与体色

大黄鱼体长椭圆形，侧扁，背缘和腹缘广弧形（图 2-1）。尾柄细长，尾柄长为尾柄高的 3 倍或 3 倍以上；体长为体高的3.7～4.0 倍，为头长的 3.6～4.0 倍。背面和上侧面黄褐色，下侧面和腹面金黄色。背鳍及尾鳍灰黄色，胸鳍和腹鳍黄色，唇橘红色（彩图 1）。

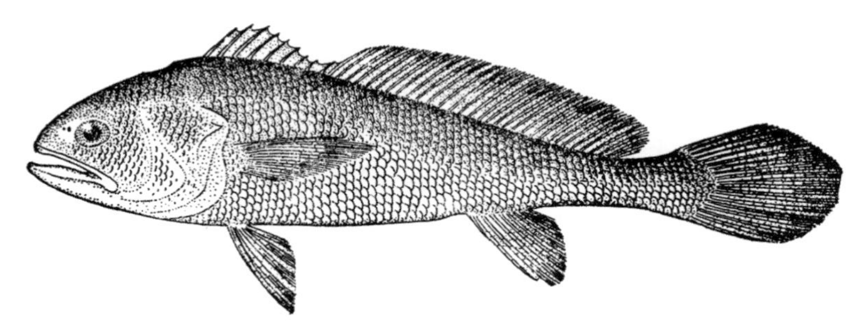

图 2-1 大黄鱼（*Larimichthys crocea*）
（熊国强等，1990）

二、主要形态特征

头侧扁，大而尖钝，具发达黏液腔；头长为吻长的4～4.8倍，为眼径的4～6倍。吻钝尖，吻长大于眼径，吻上具4小孔，分2行排列，上行3孔较小，下行1孔较大。眼中大，上侧位，位于头的前半部；眼间隔圆凸，大于眼径。鼻孔2个，前鼻孔小，圆形；后鼻孔大，长圆形，紧接眼的前缘。口前位，口裂大而斜；下颌稍突出，缝合处具一瘤状突起；上颌骨伸达眼后缘下方。牙细小，尖锐；上颌牙多行，外行牙稍扩大；下颌牙2行，内行牙较大。下颌缝合处瘤状突起的后面2颗牙较大，其尖端向内；犁骨、腭骨及舌上均无牙。舌大，游离，圆形，颏部具4个不明显小孔；无颏须。鳃孔大，鳃盖膜不与峡部相连。前鳃盖骨边缘具细锯齿；鳃盖骨具2扁棘。鳃盖条7。具假鳃。鳃耙细长，（8～9）+（16～18），最长鳃耙约与鳃丝等长，约为眼径的2/3（图2-2）。

头部及体前部被圆鳞，体后部被栉鳞。背鳍鳍条部及臀鳍鳍膜上2/3以上均被小圆鳞，尾鳍被鳞。体侧下部各鳞下均具一金黄色皮腺体。侧线完全，前部稍弯曲，后部平直，伸达尾鳍端部。

背鳍连续，起点在胸鳍基部上方，鳍棘部和鳍条部之间具一缺刻，鳍棘9～10，鳍条31～34；第一鳍棘短弱，第三鳍棘最长。臀鳍的起点约与背鳍鳍条部中间相对，具2鳍棘，8鳍条，第二鳍棘等于或稍大于眼径。胸鳍尖长，长于腹鳍。腹鳍较小，起点稍后于胸鳍起点。尾鳍尖长，稍呈楔形。

体腔中大，腹膜浅灰色，肠短，在体之右侧作二次盘曲，幽门盲囊14个；鳔大，前端圆形，两侧不突出，后端细长，鳔侧具31～33对侧支，每一侧支具背分支及腹分支；腹分支分上下两小支，下小支分为前后两小支，前后两小支等长，互相平行，沿腹膜下延伸达腹面。脊椎骨26个（朱元鼎等，1963）。

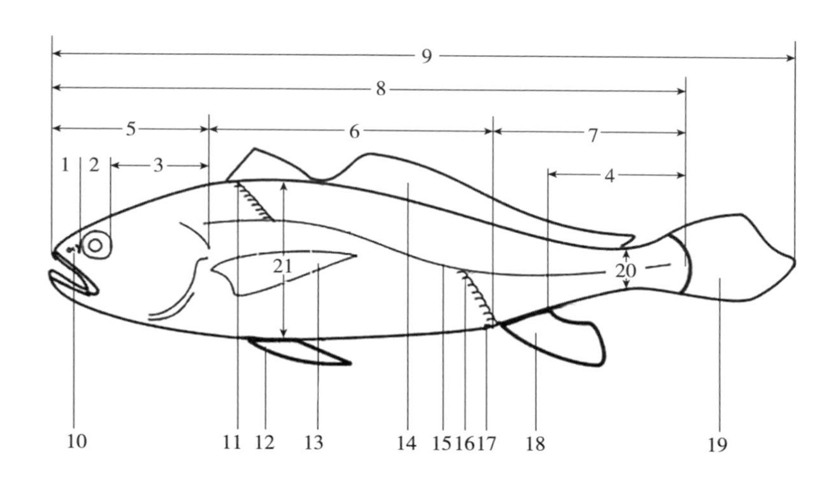

图 2-2 大黄鱼外部形态图

1. 吻长 2. 眼长 3. 眼后头长 4. 尾柄长 5. 头长
6. 躯干长 7. 尾长 8. 体长 9. 全长 10. 鼻孔
11. 侧线上鳞 12. 腹鳍 13. 胸鳍 14. 背鳍
15. 侧线 16. 侧线下鳞 17. 肛门 18. 臀鳍
19. 尾鳍 20. 尾柄高 21. 体高

三、大黄鱼和石首鱼科其他鱼类的比较

由于大黄鱼同其他石首鱼类有许多共同特征，因而往往有人把它们相互混淆。例如把大黄鱼幼鱼称作“小黄鱼”，把黄唇鱼称作“特大大黄鱼”，甚至把许多同大黄鱼形态特征差异很大的其他石首鱼科鱼类都当作大黄鱼来统计。大黄鱼与石首鱼科其他鱼类主要形态特征的比较和外形图见表 2-1 和图 2-3。

表 2-1 大黄鱼与石首鱼科其他鱼类主要形态特征的比较

种名	鳍式	鳞式	鳃耙	主要形态特征
大黄鱼 (*Larimichthys crocea*)	D. Ⅷ～Ⅸ，Ⅰ-31～34 A. Ⅱ-8	$56 \sim 57\,\frac{8 \sim 9}{8}$	9＋16～17	臀鳍第二鳍棘长等于或稍大于眼径；背鳍基部终点在臀鳍基部终点的后上方。尾柄长为其高的 3 倍或 3 倍以上。鳔前端无侧管，鳔的侧支 31～33 对，腹分支的下小支的前、后小支等长。鳃腔肌全为白色或灰色。鳞较细而多。枕骨嵴不显著；椎骨 26 个
小黄鱼 (*Larimichthys polyactis*)	D. Ⅸ，Ⅰ-31～32 A. Ⅱ-9	$54 \sim 56\,\frac{5 \sim 6}{8}$	10＋18	臀鳍第二鳍棘小于眼径；背鳍基部终点在臀鳍基部终点的后上方。尾柄长为其高的 2 倍多。鳔前端无侧管，两侧有 26～32 对侧支，腹分支的下小支的前小支细长，后小支短小。鳞较粗而少；鳃腔肌全为白色或灰色。枕骨嵴不显著；椎骨 29 个
棘头梅童鱼 (*Collichthys lucidus*)	D. Ⅷ，Ⅰ-24～25 A. Ⅱ-11～12	$49 \sim 50\,\frac{9 \sim 11}{9 \sim 10}$	10＋17	尾柄长为尾柄高的 3 倍多。枕骨棘棱显著；具小锯齿。背鳍基部终点在臀鳍基部终点的正上方。为小型鱼类。鳔的侧支21～23 对。椎骨 28～29 个；鳞细而薄；体金黄色；鳃腔肌全为白色或灰色

（续）

种名	鳍式	鳞式	鳃耙	主要形态特征
黑鳃梅童鱼 （*Collichthys niveatus*）	D. Ⅷ，Ⅰ-23～25 A. Ⅱ-11～12	$46 \sim 47 \frac{8 \sim 9}{9 \sim 11}$	9+15	尾柄长为尾柄高的3倍多。枕骨棘棱显著；光滑，无锯齿。背鳍基部终点在臀鳍基部终点的正上方。为小型鱼类。鳔的侧支14～15对；椎骨26～27个；鳞细而薄；体金黄色；鳃腔上部深黑色
黄唇鱼 （*Bahaba taipingensis*）	D. Ⅶ，Ⅰ-22～24 A. Ⅱ-7	$58 \sim 59 \frac{9 \sim 10}{11 \sim 12}$	5+13	尾柄细长；眼小，头长为眼径的6倍；背鳍基部终点在臀鳍基部终点的后上方。枕骨嵴不显著。鳞细密；为中大型鱼类；幼鱼的体色呈黑灰色，成鱼体腹侧及腹鳍呈黄色。鳔两侧无侧支，前端具侧管1对

注：D为背鳍；A为臀鳍。

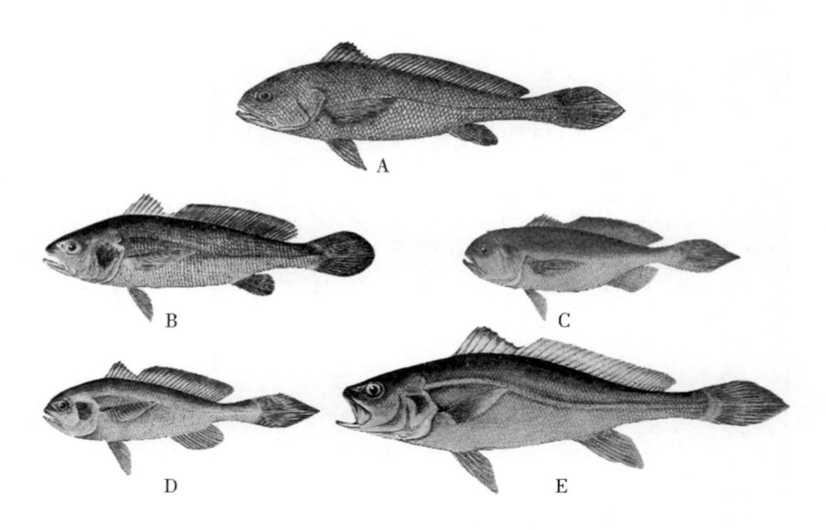

图 2-3　大黄鱼及与石首鱼科其他鱼类外形图
A. 大黄鱼　B. 小黄鱼　C. 棘头梅童鱼　D. 黑鳃梅童鱼　E. 黄唇鱼
（朱元鼎等，1963）

第二节　大黄鱼生态特征

一、大黄鱼对栖息环境的适应性

大黄鱼属于中下层鱼类，一般栖息于水深 30～60 米海区的中下层，只有在摄食和繁殖季节追逐交配时才升至中上层。一旦突然将大黄鱼从中下层捞至水的表层，其体内压力骤然大于外界压力，鱼即因鳔的破裂或胃囊被从食管处压出口外而死亡。为此，渔民间有“大黄鱼见天即死”之说。

大黄鱼属于暖温性鱼类，适温范围在 8～32℃，最适的生长温度为 20～28℃。水温下降至 13℃以下或高于 30℃时，养殖的大黄

鱼食欲就会明显降低，发生应激反应的概率明显增加。

大黄鱼属于广盐性的河口鱼类，适应盐度为 6.50～34.00（即相对密度 1.005～1.026），最适盐度 24.50～30.00（即相对密度 1.018～1.023）；大黄鱼在官井洋产卵场产卵时的表层盐度在 27.00～30.00。实践证明，在 17.00～31.00 的盐度条件下，都可以正常地进行大黄鱼室内人工育苗。

普通海水的 pH 一般在 7.85～8.35，适合大黄鱼生活。但大黄鱼的育苗实践表明，当水质由于某些有害物质的积累对其仔、稚鱼产生影响时，pH 往往仅有微小变化。

大黄鱼对溶解氧的要求一般在 5 毫克/升以上，其溶解氧的临界值一般为 3 毫克/升；但稚鱼的溶解氧临界值为 2 毫克/升。在 pH 低于 6.5 时，鱼血液的载氧能力下降，这时即使水中含氧量较高，鱼也会因缺氧而浮头。

大黄鱼对光的反应十分敏感，尤其是仔、稚鱼阶段。总体而言，大黄鱼喜弱光，厌强光，适宜的光照度约在 1 000 勒克斯。在自然海区中，大黄鱼多于黎明与黄昏时上浮觅食，白天则下沉于中下层。在室内培育的大黄鱼亲鱼及其仔、稚鱼，在光线突变时，无论是开灯还是关灯，都会引起大黄鱼的窜动，甚至跳出水面。大黄鱼体侧下部各鳞片下均具一黄色腺体，可分泌黄色素而使大黄鱼体表呈金黄色，但该金黄色素极易被日光中的紫外线破坏而褪色。为了保持大黄鱼的金黄体色，养殖业者都是到夜间才起捕网箱或围网中的养殖大黄鱼（彩图 34）。

大黄鱼对声的反应很敏感，当听到撞击声时，不管是成鱼还是鱼苗、鱼种，不管是在水泥池还是在网箱中，都会因惊吓“群起而跳之”。产卵季节的天然大黄鱼在产卵场集群产卵时，群体发出的声音在水下交织，犹如锅里的水即将烧开时的“沙沙沙”响声。有经验的渔民能分辨出雌鱼或雄鱼的叫声。雌鱼的叫声较低沉，同点煤气灯时发出的“哧哧”声相似；雄鱼的叫声较高亢，像夏夜池塘里的蛙鸣。在古时，渔民就是根据这种叫声来判断大黄鱼的鱼群大小与所栖的水层，以决定如何下网捕捞。大黄鱼在摄食或人为使之密集时，均会发出“咕——咕”的间断响声；人工催产的大黄鱼雌雄亲鱼在追逐交配时，均会发出“咕咕咕”“咕咕咕”的连续响声；一旦受到人的讲话声等干扰，这种响声就会戛然而止。

大黄鱼喜逐流，常于大潮汛潮流湍急时上浮，小潮汛时则下沉。在产卵季节的天然产卵场中，潮流最大时就是大黄鱼的产卵高峰时段。例如，大黄鱼亲鱼春季进入官井洋内湾性产卵场产卵的时间为每年 5 月中旬至 6 月中旬，每逢农历三十至初三和十五至十八的大潮汛期间。而这几天的每天产卵时间也仅在14：00—15：00退潮潮流变大时开始，16：00—17：00 退潮潮流最大时达到产卵高峰，在 18：00—19：00 低平潮流缓时结束。中心产卵场就位于官井洋潮流最急的主港道海域。

大黄鱼对水体透明度的要求不高，相对喜欢浊流。这与它的喜逐流的特性是分不开的，因为潮流湍急时自然会搅动底泥而使海水混浊。对于网箱养殖而言，随着海区周而复始的大潮与小潮、退潮与涨潮、流急与流缓的不断变化，透明度在 0.2～3.0 米、水色在 1～16 号对于大黄鱼而言都是可以适应的，但最适的透明度在 1.0 米左右。

二、年龄与生长

大黄鱼属寿命较长、年龄组成较复杂的鱼类，各种群的寿命长短不一，北方种群寿命长于南方种群，其中以浙江岱衢洋鱼群的寿命最长，已发现年龄达 30 龄的雌鱼和年龄达 27 龄的雄鱼，而广东硇洲岛鱼群的寿命最短，其雌、雄鱼的最高年龄仅分别为 9 龄和 8 龄。据报道，野生大黄鱼的最大个体为体长 750 毫米，体重 3 800 克。但 20 世纪 70 年代后期以来，由于其资源遭到严重破坏，年龄结构变得极为简单，以吕泗洋鱼群为例，1958 年，其渔获最高年龄为 28 龄，优势年龄为 3 龄、6 龄、9 龄，平均年龄为 8.36 龄；而到 1982 年，最高年龄仅为 7 龄，优势年龄为 1 龄，平均年龄仅为 1.15 龄。

三、洄游习性

大黄鱼为典型的洄游性鱼类，具有集群洄游的习性。在我国沿海 60 米等深线以内均有分布，以长江、钱塘江、瓯江、闽江、珠江等江河注入的河口附近海域相对密集。在不同季节，大黄鱼具有明显的生殖洄游、索饵洄游与越冬洄游习性。其中，以越冬洄游时聚集的鱼群最大，因此在越冬场的大黄鱼捕捞史上不乏 500 吨以上"大网头"的记录。

生殖洄游在春季，随着台湾暖流与南海水等外海高温高盐水势力的增强，大黄鱼越冬鱼群开始离开越冬场，集群向北、向河口近岸海域或港湾洄游，并在那里集群产卵。

索饵洄游即产卵后的生殖群体及其稚、幼鱼分散至产卵场附近的湾内外和河口的广阔浅海海域索饵育肥。这些海域注入的淡水往往径流量大，营养盐丰富，海淡水交汇，轮虫、桡足类、磷虾、莹虾、糠虾及其幼体和小杂鱼虾等大量繁殖，为大黄鱼仔、稚、幼鱼和产卵后的亲鱼提供了充足的天然饵料。

越冬洄游在秋后，随着台湾暖水与南海暖流的逐渐消退，以及福建、浙江沿岸流的增强与水温的下降，原先分散在沿岸、内湾各索饵场索饵的不同年龄、不同大小的大黄鱼逐渐集群向南、向外洄游，并一路汇集越来越多的鱼群。以闽-粤东族大黄鱼为例，于 12 月至第二年 2 月在闽江口外 40～60 米等深线附近的泥或泥沙底质的海域底层栖息越冬。据调查，其间的越冬场表层水温在 9～11℃，盐度为 33.0；底层的温度在 12～14℃，盐度在 34.0 以上。每当天气转暖，越冬场一带台湾暖流和南海水等"外洋水"加强并向近岸推移时，大黄鱼的越冬鱼群就从底层起浮，在探鱼仪上便可见到密集而清晰的沉底或离底的大黄鱼群超声波映像。

四、摄食习性

大黄鱼为广食谱的肉食性鱼类。据分析，在自然海区的大黄鱼一生中摄食的天然饵料生物达上百种。大黄鱼在不同的发育阶段摄食的饵料生物种类也不同。刚开口的仔鱼就开始捕食轮虫和桡足类、多毛类、瓣鳃类等浮游幼体；稚鱼阶段主要捕食桡足类和其他小型甲壳类幼体；体重 50 克以下的早期幼鱼以捕食糠虾、磷虾、莹虾等小型甲壳类为主；体重 50 克以上的大黄鱼捕食的饵料生物种类更多，除了糠虾、磷虾、莹虾等小型甲壳类之外，还有各种小鱼和幼鱼，以及虾蛄、蟹类等及其幼体。人工养殖的大黄鱼从稚鱼阶段起均可摄食较软的人工配合颗粒饲料。养殖的大黄鱼摄食速度缓慢，与鲈、鲷科鱼类的猛烈抢食“场面”相比，大黄鱼大有“小姐”般的慢条斯理的“吃相”。但在密集与饥饿状态下，大黄鱼稚鱼从全长 14 毫米开始就出现普遍的自相残杀现象，经常可以见到大一些的稚鱼因吞不下小一些的稚鱼而与其同归于尽的现象。在极度饥饿状态下，甚至数百克的大黄鱼也会攻击、咬食比其个体小一些的大黄鱼。大黄鱼的摄食强度与温度高低密切相关。在适温范围内，水温愈高，摄食量愈大，生长速度也愈快。

大黄鱼除了在临产及产卵中的短短数小时内不摄食外，其他时间只要达不到饱食程度，几乎都在索食。即使在冬季，大黄鱼也可以从水温较低的海域洄游到水温较高的越冬海域而继续摄食。

五、繁殖习性

大黄鱼生殖细胞的形态发生和性腺发育虽与一般硬骨鱼类一样，都要经过增殖期、生长期和成熟期等阶段，但要达到性成熟，需达到一定的年龄。岱衢族的大黄鱼 2 龄开始性成熟，大量性成熟为 3～4 龄；硇洲族的大黄鱼 1 龄时便开始性成熟，大量性成熟为 2～3 龄；闽-粤东族大黄鱼于 2 龄开始性成熟，大量性成熟为 2～3

龄。雄鱼性成熟的年龄比雌鱼小。岱衢族大黄鱼开始性成熟的最小个体：雌鱼体长220～240毫米，体重约200克；雄鱼体长200～220毫米，体重约150克。大量性成熟：雌鱼体长在280毫米左右，体重在300克左右；雄鱼体长在250毫米左右，体重约200克。全部性成熟：雌鱼体长约310毫米，体重约400克；雄鱼体长270～280毫米，体重约300克。

人工养殖大黄鱼的性成熟要比自然海域野生大黄鱼早。闽东地区网箱养殖的闽-粤东族大黄鱼在良好的饲养条件下，大量性成熟的雄鱼为1龄，雌鱼为2龄。在大黄鱼自然种群的生殖群体中，雌鱼所占比例很小，1959年在浙江岱衢洋繁殖的大黄鱼雌鱼仅占生殖群体的29.1%。然而，大黄鱼人工繁殖的实践表明，雌、雄亲鱼最佳的比例为2∶1。自然种群繁殖中雄鱼数量占绝对优势的特点是大黄鱼在进化过程中，为保证其群体在海域急流中排出的卵细胞能得到足够数量的精子、获得较高受精率以延续种群的一种适应属性。岱衢族大黄鱼的绝对怀卵量为7.0万～141.3万粒，平均47.6万粒，一般20万～50万粒；官井洋大黄鱼的怀卵量为2.3万～37.5万粒。150～350克的大黄鱼个体怀卵量为20.6万粒，540克以上高达30.5万粒。

第三节 大黄鱼种质资源与新品种研发

一、我国的大黄鱼种质资源

（一）大黄鱼自然种群划分

鱼类种群划分对鱼类资源量的判定、补充群体数量的估算以及渔业资源的研究和管理政策的制定有重要意义。我国大黄鱼自然种群主要分布在东南沿海，地理跨度较大。随着技术的进步，在对大黄鱼自然种群分类的过程中，划分标准也有所不同，因而目前国内不同研究者还持有不同看法。

早在20世纪50年代，中国科学院海洋研究所将大黄鱼划分为2个种群，即东黄海群和硇洲群（中国科学院海洋研究所，1959）。60年代徐恭昭等（1962）和田明诚等（1962）依据体形测量的结果将大黄鱼种群划分为3个种群：分布在黄海南部和东海北部近海的鱼群（包括吕泗洋、岱衢洋、猫头洋等产卵场的生殖鱼群）属岱衢族种群；分布在东海南部和南海西北部近海的鱼群（包括官井洋、南澳、汕尾等产卵场的生殖鱼群）属闽-粤东族种群；分布在南海珠江口以西到琼州海峡以东近海的鱼群（包括硇洲岛附近产卵场的生殖鱼群）属硇洲族种群。现有大黄鱼资源方面的文献一直沿用这一结论（张秋华等，2007）。

近年来，随着分子生物学的发展，研究者们开始用相对较精准、客观、受环境影响小且能反映群体间分化时间与距离的分子标记，对大黄鱼种群进行划分，然而得到的结论目前也还不统一。整体上，研究者们目前仍普遍认为我国的野生大黄鱼种群分为岱衢、闽-粤东和硇洲三大族群。

岱衢族包括江苏的吕泗洋，浙江的岱衢洋、猫头洋和洞头洋4股鱼群，以岱衢洋鱼群为代表，主要分布在黄海南部到福建嵛山（东经120°20′，北纬27°20′）以北的东海中部。这一地理种群的环境条件特点主要是受长江等流域径流直接影响。其形态特点为鳃耙数较多、鳔侧支数较少，脊椎骨为27个，眼径较大、鱼体与尾柄较高。其生理特点是寿命较长、性成熟较迟。

闽-粤东族包括福建的官井洋、闽江口外和厦门，广东的南澳、汕尾等外侧海域的4股鱼群，以官井洋鱼群为代表。主要分布在福建嵛山以南的东海南部与珠江口以东的南海北部之间海域。这一地理种群的环境条件特点是直接或间接地受台湾海峡的暖流与沿岸流相互消长的影响。在形态上其鳃耙数、鳔侧支数及眼径、体高、尾柄高等，以及生理上的寿命长短、性成熟迟早等均介于岱衢族与硇洲族之间；未发现脊椎骨为27个的个体。

硇洲族主要为广东硇洲近海鱼群。它的主要分布区为珠江口以西到琼州海峡以东海域。这一地理种群的特征与这一海区在海洋条件上具有内湾性特点有关。其形态特点为鳃耙数较少、鳔侧支数较多，未发现脊椎骨为 27 个的个体，眼径较小，鱼体与尾柄较高。生理上的特点是寿命较短，性成熟较早。

（二）大黄鱼种质资源现状

目前，国内比较系统地开展大黄鱼种质资源搜集和研究的单位是位于福建省宁德市的大黄鱼育种国家重点实验室。

2018 年，该单位采集并保活了海捕大黄鱼 4 212 尾，同时选择符合原种标准的亲鱼进行强化培育。2018 年共培育全长 30 毫米以上大黄鱼原种子一代苗种 1 200 万尾，其中增殖放流 1 075.95 万尾，有效促进了大黄鱼资源的恢复，其余苗种则提供给养殖户进行养殖。

针对野生和养殖大黄鱼群体的对比方面，研究发现国内养殖大黄鱼群体和野生大黄鱼群体之间已经产生了分化，养殖群体的遗传多样性水平普遍低于野生群体，这也是造成养殖大黄鱼体型偏小、生长速度慢、抗病抗逆性差等的主要原因（施晓峰，2013）。因此，在开展大黄鱼选育配组的过程中，适当加入野生大黄鱼能在一定程度上提高选育后代的遗传多样性，以及生长、抗病、抗逆潜力。

针对不同地理群体大黄鱼种质资源现状及对比方面，大黄鱼育种国家重点实验室在 2018 年开展了较为系统的研究，他们从南黄海-东海（福鼎野捕群体、吕泗洋野捕群体、舟山野捕群体）、闽-粤东（厦门野捕群体）、粤西（湛江野捕群体、海南野捕群体、硇洲岛野捕群体），以及浙江和福建（各 1 个养殖群体）、市场（28 个城市，作为 1 个群体）采集了共计 10 个群体、3 000 多尾野生和养殖大黄鱼，通过线粒体基因序列、简化基因组测序等现代分子生物学方法，对这些群体大黄鱼的种质资源状态进行评估。评估结果显示，福鼎地区野生大黄鱼群体的遗传多样性最低，且接近养殖群体的平均值，推测因为福鼎海域放流大黄鱼占比大，受过度捕捞影响也大，因而不适宜作为种质资源库。而粤西地理群体的遗传多样性最高，其次为舟山和吕泗野捕群体，这几个群体中含有的野生个体更丰富，放流的大黄鱼比例较小，受过度捕捞影响较小，因此更适合作为选育的基础群体。

在大黄鱼种质资源保护和增殖放流方面，近年来，浙江省、福建省及广东省大力开展大黄鱼增殖放流活动，并已取得不错的成果。2010年以来，福建省大黄鱼增殖放流苗种主要来源于大黄鱼国家级原种场依托单位宁德市富发水产有限公司。据统计，从2011年至2019年，宁德市富发水产有限公司一共提供了超过3亿尾原种子一代大黄鱼鱼苗用于增殖放流，规格以大于50毫米的仔鱼为主，主要放流区域包括官井洋、三沙湾、黄岐湾、罗源湾等。

二、大黄鱼新品种研发与进展

自20世纪80年代大黄鱼人工授精、室内育苗技术获得成功以来，大黄鱼人工养殖技术在我国得到了快速推广和应用（游岚，1997），其对应的遗传育种技术也处在不断的发展中，从传统的群体选育、个体选育和家系选育，到现代化的基于高通量分子标记或全基因组选择育种。相应地，国内也已经培育出几个各具特色的大黄鱼新品种，并且目前仍有相关单位正在通过新的选育技术培育更符合市场和产业要求的大黄鱼新品种。

目前已经培育并通过国家审定的大黄鱼新品种有“闽优1号”和“东海1号”两个。其中，“闽优1号”是由2001年采自福建宁德官井洋地区的野生大黄鱼作为基础群体，通过常规的群体选择结合雌核发育技术，经过5代选育获得的新品种，具有生长速度快、成活率高、体色好和体形较长等特点（俞逊，2010）。而“东海1号”则是以2000年从浙江岱衢洋采捕的野生大黄鱼为基础群体，以生长和耐低温为选育目标，采用群体选育技术，经过5代选育而成，其耐低温能力明显高于普通养殖大黄鱼（李明云等，2014）。另外一个正在研发的大黄鱼新品种是大黄鱼育种国家重点实验室培育的“富发1号”，该品系以生长速度快为主要目标，通过群体选择的方式，经过连续4代的培育获得，其生长速度相比同地区普通养殖群体增加了29.9%，具有广泛的应用前景。

从整体上可以看到，当前国内大黄鱼新品种或新品系的培育基本都是采用传统选育方式进行的，其培育周期长、效率低、耗时耗力，并且目前已经审定通过的两个新品种在国内也尚未得到广泛推广。此外，已有的新品种培育方向主要集中在生长和耐低温上，而伴随着国内日趋庞大的大黄鱼养殖规模和市场特殊需求，针对大黄鱼养殖过程中长期面临的疾病、高温等威胁，蓬勃发展起来的大黄鱼深远海养殖、工厂化养殖等养殖新模式，以及消费市场上对高品质大黄鱼的需求日益增加，这些新品种已经不能满足养殖产业的需求。具有抗病、耐高温、节省饲料成本、品质优良等特征的大黄鱼新品种培育成为目前大黄鱼遗传改良方面亟须努力的方向。

近年来，随着水产生物基因组资源开发的力度不断加大，利用全基因组资源和基因分型工具进行遗传资源评估、重要经济性状遗传解析和分子改良与育种应用，已经成为种质创新和优良新品种培育的必然发展方向。结合当前大黄鱼养殖产业的切实需求，国内一些科研单位已经开始采用全基因组选择（genome selection，GS）育种技术，开展大黄鱼优良新品种的选育工作。GS 技术的流程如图 2-4 所示，它是采用涵盖生物体整个基因组、与性状相关的遗传变异信息，对待选亲鱼的生长、抗病、抗逆等潜力的高低进行打分（这个分值被称为育种值），育种值高的个体所产后代的性状优异性的概率更高。

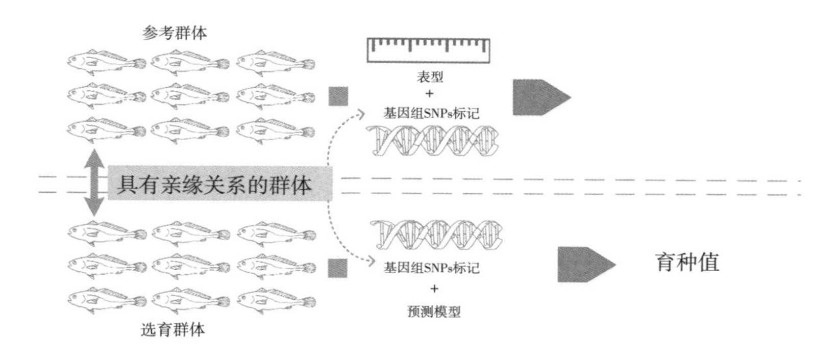

图 2-4　全基因组选择（GS）技术流程原理图

目前国内在采用GS技术进行大黄鱼优良新品种的选育工作方面已经取得不错的进展。如在2016—2019年，大黄鱼育种国家重点实验室和厦门大学徐鹏教授团队合作，以“富发1号”为基础群体，分别以生长、体型和刺激隐核虫病抗性为目标，采用GS技术进行三个大黄鱼新品种的培育工作，目前三个新品系的第一代已经培育出来。其中，十分有潜力的是2019年获得的刺激隐核虫抗虫新品系，在标准化的刺激隐核虫感染测评中，选育组的存活率大大高于对照组，表现出优异的抗虫特性（图2-5）。在当前我国大黄鱼养殖产业广泛面临的刺激隐核虫病威胁的情况下，该新品种的成功培育将大大减少我国大黄鱼养殖产业的经济损失，造福一线养殖户，具有广泛的应用前景。

图2-5　基于GS选育的工作现场

在畜禽的优良品种培育中，GS技术已经被证实是一种精准、高效的选择方法，该技术不仅节约良种选育的人力、物力成本，还能提高选育效率，大大缩短选育进程。在大黄鱼抗刺激隐核虫病性状选育中的成功应用，表明利用GS技术在水产鱼类中开展针对诸如抗病、抗逆等复杂经济性状的良种选育具有广阔的应用前景。并且，该新品种的培育方式可作为其他经济鱼类一些重要复杂性状的新品种培育的良好范例，如果推广开，将会有效提升水产养殖鱼类种业创新工程，为未来的水产养殖业提供巨大的效益。

第三章 大黄鱼绿色高效养殖技术

第一节 大黄鱼的人工繁殖技术

一、亲鱼选择

（一）大黄鱼备用亲鱼的选择

为实现大黄鱼的早春育苗，一般要提早从海区网箱挑选性腺尚未成熟的个体，经室内强化培育达到性成熟后才可作为亲鱼使用。此时挑选的个体称为备用亲鱼。

1. 备用亲鱼来源和选择季节

大黄鱼备用亲鱼的来源主要为网箱或围网养殖的个体，其主要优势是来源充足、培育周期短、成本较低。在闽东地区，春季育苗大约在1月中旬前后，海区水温10～12℃，由于水温低鱼体性腺尚未发育，要根据育苗生产计划要求提前1～2个月从网箱养殖鱼中挑选备用亲鱼，入室内育苗池经加温和营养强化培育后方可作为亲鱼使用。

2. 雌雄鉴别

春季育苗选择的备用亲鱼在外表上雌雄的性征尚不明显。但一般可按照如下特征区分：雌鱼的体形较宽短，吻部较圆钝；雄鱼的体形较瘦长，吻部相对较尖锐，有的可挤出精液。

3. 亲鱼选择与质量要求

亲鱼是人工繁殖中最重要的物质基础，亲鱼质量的好坏直接关系到育苗的成败，因此亲鱼的选择与培育在整个大黄鱼人工育苗环节中显得特别重要。为了避免近亲繁殖而引起的种质退化，在选择具有生长速度快等各种优良经济性状的养殖大黄鱼作为亲鱼的同时，应遵循以下原则：①选择体形匀称、体质健壮、鳞片完整、无病无伤的个体；②2 龄雌鱼的体重在 800 克以上，雄鱼在 400 克以上；3 龄雌鱼在 1 200 克以上，雄鱼在 600 克以上；③选择个体生长差异较大的网箱养殖鱼作为选择群体，并从中选择生长速度相对较快的个体作为亲体；④亲鱼组成最好选择来自不同海区或不同养殖模式的个体，且数量最好达 500 尾以上；⑤在室内水泥池自然产卵的大黄鱼亲鱼，雌雄比例为（1～2）：1，自然产卵与受精效果无明显差别，为降低生产成本，亲鱼雌雄比例以 2：1 较为适宜，可根据雌雄性腺成熟实际情况对雌雄比例做适当调整；⑥春季育苗亲鱼一般不会同时成熟，所需备用亲鱼的数量按生产 100 万尾全长 30 毫米规格的鱼苗需 1 000 克左右的雌鱼 30～40 尾的标准进行挑选，并按雌雄比例搭配相应数量的雄鱼。亲鱼的网箱挑选操作见图 3-1。

图 3-1 从网箱中挑选备用亲鱼

4. 挑选备用亲鱼注意事项

（1）为避免挑选备用亲鱼时发生应激反应，一般在挑选前数日开始在饲料中添加渔用复合维生素进行营养强化培育。在批量选择备用亲鱼时，可少量挑选先进行观察，确保不发生充血、发绀等应激反应症状后，再继续批量挑选。若有应激反应症状，应立即停止挑选，并采取延长营养强化培育时间的措施，直至没有应激反应症状后再行挑选，或另找其他养殖大黄鱼群体进行挑选。

（2）应了解该批备用亲鱼的前期饲养情况，前期投喂不足的养殖鱼则不宜作为备选亲鱼，否则会影响后期亲鱼的性腺发育和卵的质量水平。

（3）要结合亲鱼体重和年龄进行综合判断，避免挑选达不到相应年龄所应达到的体重要求的生长缓慢的“老头鱼”。

（二）性腺成熟亲鱼的选择

由于亲鱼的性腺发育进程不可避免地会存在个体间的差异，即使是同一批亲鱼，也不可能全部同时达到可以催产的成熟程度。因此，要从培育的亲鱼中分批挑选出符合人工催产要求的成熟亲鱼（图 3-2）。适度成熟的大黄鱼雌鱼上下腹部均较膨大，卵巢轮廓明显，腹部朝上时，中线凹陷，若用手触摸，即有柔软与弹性感，用吸管伸入泄殖孔，吸出的卵粒易分离，大小均匀。反之，若腹部过度膨大，且无弹性，用吸管吸出的卵粒扁塌或在水中有油粒渗出，说明卵粒已过熟，这种亲鱼就不能用作催产。性

图 3-2　大黄鱼亲鱼

腺发育成熟的大黄鱼雄鱼轻压腹部有乳白色浓稠的精液流出，在水中呈线状，并能很快散开。成熟的雌性亲鱼的腹部一般比成熟的雄性亲鱼的膨大得多。但少数成熟的雄性亲鱼的腹部也很膨大，常被误认为是雌性亲鱼，在催产操作时要逐尾鉴别雌雄。实践表明，在同一培育池中个体较大的亲鱼，其性腺一般会先发育成熟。

二、亲鱼培育

在海区水温达20℃以上时，进行鱼苗中间培育会使鱼苗受布娄克虫病害的危害。为使出池的鱼苗能避开这一危害，并延长当年鱼种的生长时间，目前的大黄鱼春季室内育苗已普遍提前至早春，使用增温办法进行亲鱼室内强化培育，促进亲鱼性腺成熟，从而确保在海区水温达13～16℃时鱼苗出苗下海，顺利转到海区网箱中进行中间培育。

（一）备用亲鱼的放养

亲鱼室内强化培育池应设在安静、保温性能好、光照度较弱的育苗室内，最好为塑料薄膜搭盖的暖棚内。池面积40～60米^2，形状为方形或圆形均可，水深在1.6～2.0米；放养密度在2.0～5.0千克/米^3，为保证足够数量的亲鱼在饵料摄食时产生群体效应，摄食效果更佳，在水环境有保障的前提下，建议按较高密度放养。

（二）理化因子调控

1. 光线

培育池上可用遮阳布幕遮盖，将光照度调节至500勒克斯左右。投喂时，可拉开部分遮阳幕布或开灯，将光照度调节到1 000勒克斯以上。

2. 水温

培育池水温控制在20～25℃，兼顾加温成本，以21～22℃较为适宜。

3. 生态环境条件与水质调控

为促进亲鱼的性腺发育，应尽量创造有利的生态环境条件。一方面，池内按 1.5 个/米^2 均匀布置气石连续充气，保证池水中溶解氧在 5 毫克/升以上。每天及时吸污，吸污时间一般安排在每次换水前及饵料投喂后。另一方面，根据培育水质状况，每天换水 1～2 次，使池水的氨氮总值控制在 0.1 毫克/升以下，并适当冲水刺激。

（三）饵料与投喂

1. 饵料种类

培育大黄鱼亲鱼的饵料一般有冰鲜鲐鲹、小杂鱼、贝肉或配合饲料。有条件的地方可搭配投喂一些牡蛎等活体饵料，既可保证饵料鲜度与亲鱼的喜食，又不影响水质，而且营养价值高，对促进亲鱼的性腺发育有很大的帮助。

2. 投喂量与投喂方法

为减少对池水的污染，冰冻鱼表面稍加解冻后即可切成亲鱼适口的块状，并洗净、沥干后投喂。在饵料中可适量添加维生素 E 等复合维生素，以促进性腺成熟和提高卵的质量。日投饵率为亲鱼体重的 5%～8%。每天投喂的时间一般选择在早晨与傍晚各 1 次，并应根据摄食情况适时调整投喂量。

（四）亲鱼培育管理中的注意事项

（1）大黄鱼具有胆小、易惊动、鳞片易脱落等特点，稍有响声或光照突变，会引起其狂游或乱闯，甚至碰撞池壁或跳出池外。为此，在饲养管理操作中，尤其手持操作工具时，动作要缓慢；不宜在培育池附近高声喊叫或敲击器具。

（2）培育期间尽量保持水环境稳定，为避免水温突变而引起亲鱼的不良反应，换入亲鱼培育池的新鲜海水应在另外的预热池中预热。应及时清除池中残饵与排泄物，避免导致氨氮值升高、水质恶化，而引发刺激隐核虫病与淀粉卵甲藻病等病害。

（3）亲鱼移入室内水泥池的第二天开始投饵诱食，不论亲鱼是否主动摄食都要投喂，但数量尽量少些，待亲鱼能主动摄食时再逐渐增加。

三、人工催产

人工催产应与成熟亲鱼的挑选同时进行，且催产操作一般在原亲鱼培育池中进行，可有效简化操作环节和减少亲鱼的损伤。亲鱼人工催产步骤与操作介绍如下：

（一）室内水泥池催产法

1. 设置麻醉水箱及架设催产操作台

催产操作前先把亲鱼培育池的水位降至 40 厘米左右；用高度约 50 厘米、长度与亲鱼培育池宽相同的 60 目拦鱼网框将水池分隔为两部分，并把亲鱼驱赶至排水口端部分。在排水口端部分靠近拦鱼网框位置放置约 100 升容量的亲鱼麻醉水箱，并用木板骑在水箱上沿与拦鱼网框上沿之间作为亲鱼注射台（图 3-3、图 3-4）。

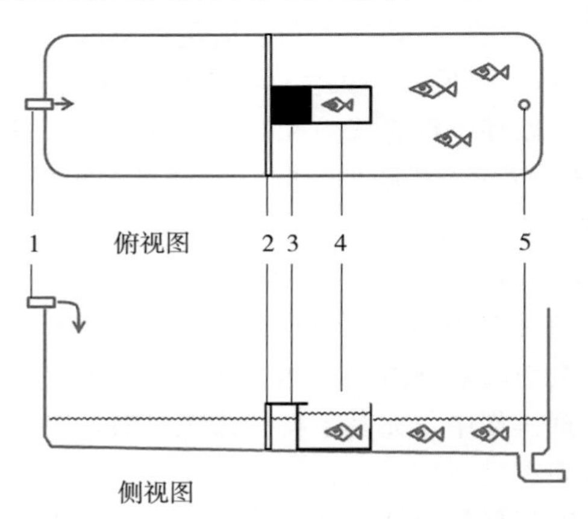

图 3-3　大黄鱼池内催产操作布局示意图
1. 进水口　2. 拦鱼网框　3. 注射台
4. 麻醉水箱　5. 出水口

2. 配制亲鱼麻醉溶液和催产剂溶液

按 40～60 毫克/米^{3}的浓度配制丁香酚亲鱼麻醉溶液，即装载 100 升海水的麻醉箱所需 4～6 毫克丁香酚原液。催产剂可用 LRH-A_2、LRH-A_3 等激素，其剂量视水温高低及亲鱼的性腺发育情况

图 3-4 大黄鱼池内催产操作布局实物图

而定，雌鱼的剂量范围为每千克体重 1.0～3.0 微克。按预计的单位体重注射剂量配制好催产剂溶液。

3. 亲鱼的打捞和麻醉

催产开始时，由 1～2 人不断地用柔软的手抄网从排水端的池中逐尾地捞取亲鱼，放入水箱中进行麻醉。随着池中亲鱼数量的减少，逐渐地把拦鱼网框、水箱及其注射台向池的排水口端移动，以便于捞鱼与注射操作。将以肉眼初选的雌雄亲鱼放入盛有丁香酚溶液的麻醉水箱中，待亲鱼被麻醉侧卧箱底后，将其捞至注射台上，轻摸腹部，鉴定其性别及成熟是否适度。

4. 人工催产注射

经检查适用于催产的亲鱼，根据其体重和性腺成熟度注射相应剂量的催产剂溶液，当亲鱼发育良好时可适当减少注射剂量，相反应增加注射剂量。可采用 1 次注射或 2 次注射。使用 2 次注射法时，2 次注射时间相隔 12～16 小时，第 1 次注射总剂量的 20%～30%，第2次70%～80%；雄鱼通常比雌鱼性腺先成熟且发育良好，单位体重注射剂量为雌鱼总注射量的一半，在雌鱼第2次注射的同时进行一次性注射。注射部位一般为胸腔，即在胸鳍基部无鳞处（图3-5）。

图3-5　人工催产注射

5. 入池待产

注射后的亲鱼可在原池或按计划安排在其他池中等待自然产卵。其间要避免惊动待产亲鱼；因催产过程中亲鱼受刺激后会分泌较多黏液，使池中泡沫增多而影响水质，应予及时换水；接近产卵效应时，可适量冲水。

（二）海上网箱人工催产法

大黄鱼的海上网箱人工催产法一般仅适用于秋季人工育苗。该法简便易行，不需要成套的供气和水处理系统等设施设备，可节省成本。用于人工催产的网箱，多为4米×8米×4米规格，网衣由60目或80目的软质尼龙筛网缝制而成。催产网箱应设置在水质清新、水流较小、透明度较大的海区。催产时间宜选在天气晴好、风浪较小的小潮汛期间。由于海区中海水的悬浮物多、水质差，对受精卵孵化不利，又容易堵塞产卵用的筛网网箱的网眼，故要采取一定的技术措施。一是尽量推迟催产激素的注射时间，以安排亲鱼在下半夜产卵，缩短受精卵在不洁海水中的浸泡时间，尽快移入室内沙滤海水中孵化；受精卵若要长途运输，卵经仔细筛选后，要用清洁的沙滤海水冲洗和装袋。二是供作亲鱼产卵的筛网网箱要延迟到产卵当天的傍晚才同原来培育亲鱼的网箱替换，以免筛网网眼被黏液与淤泥堵塞而影响水流畅通。三是产卵用网箱要配以高压充气机连续充气。

四、受精卵的收集、筛选、计数与运输

（一）收集

1. 室内水泥池的网箱流水收集法

此法可结合流水刺激大黄鱼产卵的同时，使浮在水面上的受精卵从产卵池的溢水口流入设置在池外的集卵水槽的网箱中而被收集。这种收卵法操作简便，近于自然，可以边产卵边收集。但用水量大，常温批量催产时可用此法。注意事项为冲水量不宜过大，每次取卵的时间间隔不宜过长，以免受精卵膜受损（图 3-6）。

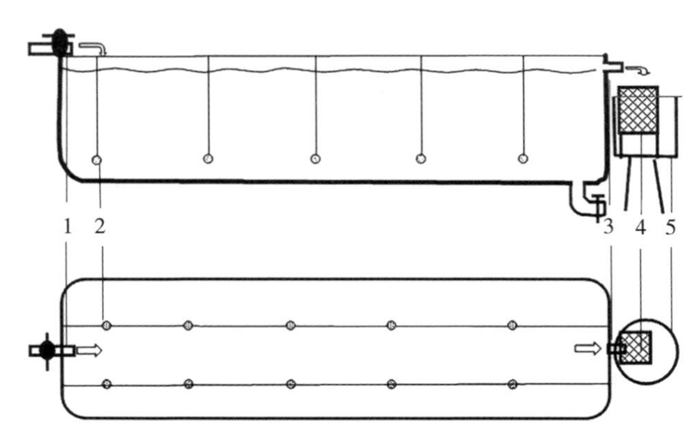

图 3-6　大黄鱼室内产卵的冲水收集法示意图

1. 进水口　2. 充气头（散气石）　3. 溢水口　4. 集卵网箱　5. 溢水槽

2. 捞卵收集法

此法无论是在室内水泥池中产卵，还是在海上网箱中产卵，均

适用。待大黄鱼亲鱼叫声自然地完全停止一段时间（20～30 分钟），即表示当天的产卵结束，可用拉网或抄网捞取（图 3-7、图 3-8）。该法收集受精卵较为简便，目前生产上已普遍使用。

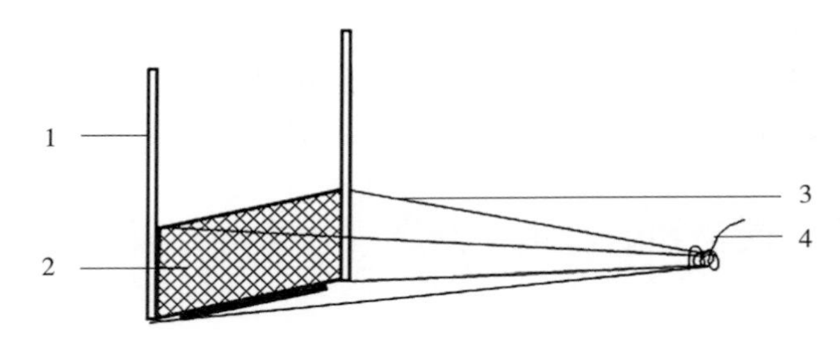

图 3-7 大黄鱼受精卵捞网示意图

1. 把手 2. 拦鱼网 3. 捞卵网网衣 4. 网囊捆绳

图 3-8 大黄鱼受精卵捞网实物图

（二）筛选

从产卵池中或海上网箱中收集来的受精卵因混杂有一定量的死卵和其他杂质，需将受精卵分离出来再进行孵化，否则将影响受精卵的孵化率。根据在相对密度约 1.020 的海水条件下，受精卵浮于水面而未受精卵（即死卵）沉于水底这一特性，可将收集的大黄鱼卵置于盛有相对密度约 1.020 的新鲜海水的水桶中，经离心（以手搅动使水体呈顺时针或逆时针旋转）沉淀分离，然后用虹吸管小心地吸除桶底中央的沉卵与污物；再把浮卵收集起来，用不同大小网眼的滤网滤去各种杂物，并经冲洗后放入孵化池中孵化。大批量筛选受精卵时可使用倒漏斗状、0.5～3 米^3 的玻璃钢水槽，方法是把待分离的受精卵放入装有新鲜海水并有充气的玻璃钢水槽中，然后停止充气静置数分钟，用 80 目的捞网捞取浮在水槽表面的受精卵（图 3-9、彩图 35）；当上层受精卵基本被捞好后，再打开孵化桶底部的排水管，收集死卵并称重，从而计算死卵比例和判断该批次亲鱼产卵的质量。

图 3-9 大黄鱼受精卵的筛选

（三）计数

大黄鱼受精卵一般用简便的称重法计数。经测算，每千克的大黄鱼受精卵数量在 60 万～100 万粒。单位体重受精卵的数量与卵径大小有关，一般卵径大的，单位体重受精卵的数量相对较少。受精卵卵径的大小与亲鱼的质量水平、生产季节和所使用亲鱼的年龄等有关。其中，经过较长时间的营养强化培育的亲鱼，所产的受精卵卵径相对要大一些；秋季亲鱼产的受精卵卵径又比春季亲鱼产的相对大一些；来自高龄亲鱼受精卵的卵径要比来自低龄亲鱼的大一些。这些均会影响单位体重受精卵的粒数。

（四）运输

1. 运输方法

受精卵在 1～2 小时的路程内可直接用容器以 50 千克/米^3 的密度充气运输；长途运输可用塑料袋装卵后，置于密封的泡沫塑料箱中运输；高温天气时在塑料袋与装箱之间放置适量的冰块，降低运输温度。在运输水温保持在20℃情况下，用规格40厘米×70厘米的充氧塑料袋，运程在6小时以内每袋装受精卵200～400克，运程在10小时左右每袋装受精卵100克，运输成活率可达到90%以上。若有条件，中途可补充充氧、换水，效果更好。

2. 注意事项

（1）运输装袋或装箱前，要先用清洁的沙滤海水把受精卵冲洗干净。

（2）运输过程中，大黄鱼胚胎发育会产生各种有害的代谢产物，特别是较高密度运输和较高水温条件易引起水质恶化、细菌繁殖和加快水中耗氧，造成胚胎因发育中途停止而死亡，可采取添加适量安全的抗生素的措施，保障胚胎成活率与孵化率。

（3）目的地的育苗场要提前调好受精卵孵化池水体的盐度和温度，使其与运输条件基本一致，避免温度和盐度的突变对受精卵孵化产生影响。受精卵运到目的地后，先把苗袋中的卵和水一起倒入漏斗状水槽中，边充气边逐步加入孵化池的新鲜海水进行过渡适应，按照筛选优质受精卵的方法重新对受精卵筛选分离一次，再放入孵化池中进行孵化。

五、人工孵化

（一）人工孵化的几种方法

1. 网箱微流水孵化法

以80目尼龙筛网制成圆柱形的（直径40～50厘米、高度65～75厘米）孵化网箱，悬挂在水泥池中，以大约50万粒/米^{3}密度，进行微充气、微流水人工孵化。待大黄鱼胚胎发育至肌肉效应期时，即仔鱼将要孵出前，再移入育苗池中孵化与育苗。该法适用于小批量或试验性人工育苗。

2. 水泥池静水孵化法

将受精卵以2万～8万粒/米^{3}的密度直接放入30～60米^{3}水体的

水泥池中孵化。每1.5～2.0米^{2}面积的池底布设1个散气石，连续微充气。孵出仔鱼就在原池中进行培育。此法操作简便，可减少初孵仔鱼在转移时造成的损伤，适用于规模化人工育苗。

3. 水泥池微流水孵化法

将受精卵以20万～30万粒/米^{3}密度放入20～40米^{3}水体的水泥池中孵化，除了注意吸污换水和微充气外，还要进行微流水，待孵化后再移池分批培育。

（二）人工孵化的管理与操作

（1）适宜水温在18～25℃，适宜盐度在23.0～30.0。

（2）孵化中要避免环境突变与阳光直接照射。

（3）待受精卵发育进入心跳期（即仔鱼将孵出时），停气5～10分钟后，吸去沉底的死卵与污物，并适量补充新鲜海水。若忽略这一环节，将会造成死卵块悬浮在池水中，难以彻底吸除，并将影响后期的育苗水质。

（4）孵化过程中要经常检查受精卵的孵化情况，观察胚胎发育状况，发现问题及时处理，并做好记录。

（三）胚胎发育

在23.2～23.4℃及盐度27.5的条件下，大黄鱼的胚胎发育过程如下（图3-10）：

1. 卵裂期

大黄鱼受精卵的分裂类型为盘状卵裂均等分裂型。

（1）1细胞期　受精后约经35分钟，在动物极形成胚盘（图3-10A）。未受精卵吸水后也会形成假胚盘。

（2）2细胞期　胚盘面积逐渐扩大，受精后约55分钟，开始在胚盘顶部中央产生一纵裂沟，并向两侧伸展，把细胞纵裂为2个大小相同的细胞（图3-10B）。

（3）4细胞期　受精后约1小时5分钟进行第2次纵分裂，在2个细胞顶部中央出现了分裂沟，与原分裂沟呈直角相交，经裂成4个细胞（图3-10C）。

（4）8细胞期　受精后1小时25分钟进行第3次纵分裂，在第

1 分裂面两侧各出现 1 条与之平行的凹沟，并与第 2 分裂面垂直，形成两排各 4 个形态、大小不同的细胞（图 3-10D）。

（5）16 细胞期　受精后约 1 小时 40 分钟进行第 4 次分裂，出现垂直于第 1 与第 3 分裂面的凹沟，平行于第 2 分裂沟，纵裂成 16 个大小不等的细胞（图 3-10E）。

（6）32 细胞期　受精后约 2 小时 5 分钟进行第 5 次分裂，通过分裂形成 32 个排列不规则的细胞（图 3-10F）。

（7）多细胞期　受精后约 2 小时 30 分钟进行第 6 次分裂，形成 64 细胞；受精后约 3 小时 55 分钟进行第 7 次分裂，形成 128 细胞；并依次继续下去，细胞数目不断增加，细胞体积逐渐变小，形成多细胞期（图 3-10G、图 3-10H）。

2. 囊胚期

（1）高囊胚期　受精后 5 小时 5 分钟，细胞分裂得更细，界限不清，在胚盘上堆积成帽状突出于卵黄上，胚盘周围细胞变小，形成高囊胚期（图 3-10I）。

（2）低囊胚期　受精后 6 小时 30 分钟，细胞分裂得越来越小且数量多，胚盘中央隆起部逐渐降低，并向扁平发展，周围一层细胞开始下包，形成低囊胚期（图 3-10J）。

3. 原肠期

通过细胞层的下包、内卷、集中及伸展等方式，进行三个胚层的分化。

（1）原肠早期　受精后 7 小时 30 分钟，胚盘边缘细胞增多，从四面向植物极下包；同时部分细胞内卷成为一个环状的细胞层，即形成胚环（图 3-10K）。

（2）原肠中期　受精后约 9 小时 20 分钟，胚环扩大，开始下包卵黄 1/3，并继续内卷形成胚盾雏形（图 3-10L）。

（3）原肠后期　受精后约 10 小时 10 分钟，胚盘向下包卵黄 1/2，神经板形成，胚盾不断向前延伸，出现胚体雏形（图 3-10M）。

4. 胚体形成期

根据胚胎发育的不同阶段，可分为 8 期：

（1）胚体形成期　受精后约 11 小时，胚盘下包 3/5，胚体包卵黄 1/3，并出现 1 对肌节，卵黄栓形成（图 3-10N）。

（2）眼泡出现期　受精后 11 小时 50 分钟，胚孔即将封闭，在前脑两侧出现 1 对眼泡，此时胚体包卵黄约 1/2；两侧视囊出现肌节 4～6 对（图 3-10O）。

（3）胚孔关闭期　受精后 13 小时 50 分钟，胚孔关闭，胚体后部出现小的柯氏泡，头部腹面开始出现心原基，肌节 9 对（图 3-10P）。

（4）晶体出现期　受精后 15 小时 55 分钟，胚体包卵黄 3/5，视囊晶体出现，柯氏泡未消失，肌节 12～14 对（图 3-10Q）。

（5）尾芽分离期　受精后 17 小时 50 分钟，胚体包卵黄 4/5，耳囊呈小泡状，柯氏泡消失；胚体后端出现锥状尾芽，尾鳍褶出现，肌节 18 对（图 3-10R）。

（6）心跳期　受精后 20 小时 50 分钟，心脏搏动开始，100 次/分左右，胚体相应颤动，尾从卵黄上分离出来，并延伸占胚体的 1/3，肌节 25 对（图 3-10S）。

（7）肌肉效应期　受精后 24 小时 30 分钟，胚体全包卵黄，尾鳍可伸近头部，胚体不断颤动，心跳约 140 次/分（图 3-10T）。

（8）孵出期　受精后 26 小时 36 分钟，卵膜显得松弛而有皱纹，膜内胚体不断颤动，尾部剧烈摆动，最后仔鱼破膜而出（图 3-10U）。

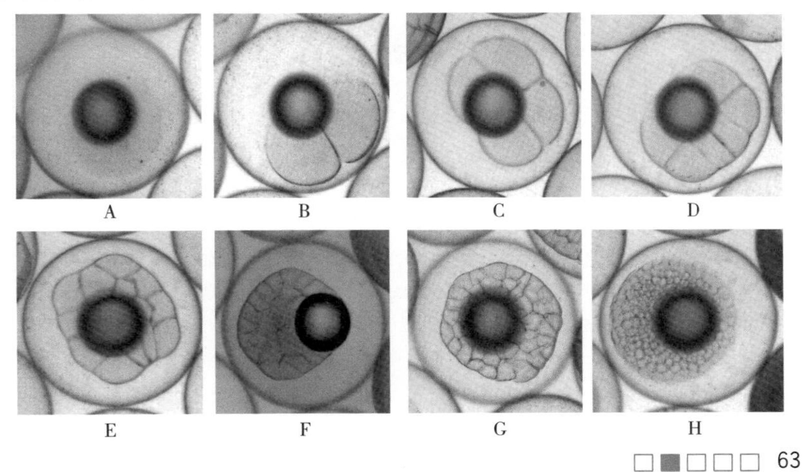

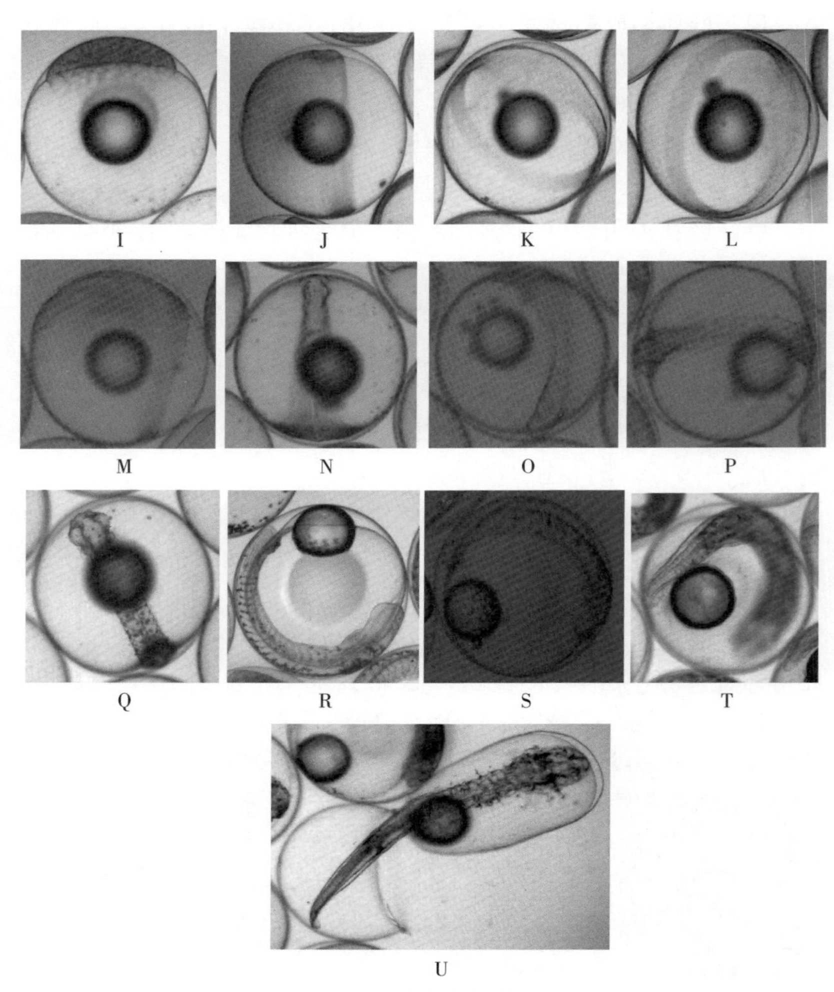

图 3-10 大黄鱼的胚胎发育

A. 1 细胞期 B. 2 细胞期 C. 4 细胞期 D. 8 细胞期 E. 16 细胞期 F. 32 细胞期 G. 64 细胞期 H. 多细胞期 I. 高囊胚期 J. 低囊胚期 K. 原肠早期 L. 原肠中期 M. 原肠后期 N. 胚体形成期 O. 眼泡出现期 P. 胚孔关闭期 Q. 晶体出现期 R. 尾芽分离期 S. 心跳期 T. 肌肉效应期 U. 孵出期

（四）孵化时间与水温的关系

大黄鱼的胚胎发育与水温的高低密切相关。在适温范围内，水温越高，胚胎发育的速度越快。水温在 26℃以上或 15℃以下时，孵出的仔鱼畸形率较高。大黄鱼受精卵在不同水温下的孵化时间见表 3-1。

表 3-1 大黄鱼孵化与水温的关系

序号	孵化水温（℃）	孵化时间（小时）
1	18.0～21.2	42
2	20.6～22.6	32
3	23.2～23.4	26
4	26.7～27.9	18

（五）相关计数方法

1. 受精卵孵化率的计算

受精卵孵化率根据以下公式进行计算：

$$受精卵孵化率=\frac{初孵仔鱼的数量(尾)}{受精卵投放的总粒数(粒)}\times 100\%$$

初孵仔鱼的数量和受精卵投放的总粒数根据上述相关方法进行计算。

2. 仔稚鱼的计数

（1）初孵仔鱼的计数　初孵仔鱼计数是科学确定布苗密度和计算受精卵孵化率的依据，也是育苗管理中确定饵料投喂量的重要参数。初孵仔鱼游动能力差，一般在光线均匀、微充气状态下均匀地悬浮在孵化水体中。计数时可用 500 毫升的烧杯在孵化池中水面的气石中央随机取样 3～5 次，计算出单位水体的平均尾数，再乘以该孵化池的水体即可测算出初孵仔鱼的总尾数。

初孵仔鱼数（万尾）计算公式如下：

$$\begin{matrix}初孵\\仔鱼数\end{matrix}=\frac{每次取样的初孵仔鱼平均数(尾)}{\begin{matrix}取样容器容积\\(毫升)\end{matrix}\times 10^{-6}(毫升/吨)\times 10^{4}}\times\begin{matrix}孵化水体\\(吨)\end{matrix}$$

（2）后期仔鱼和稚鱼的计数　这时的仔稚鱼游动能力强，常随着光照、温度、盐度、充气量、饵料分布等变化而改变其栖息和集群水层，平常难以取样计数。对此，在均匀充气条件下，可在夜晚关闭灯光片刻后，用1 000毫升以上容量的取水器，从培育池的不同位置和不同水层，随机取6～8个水样，分别求出单位体积中的仔稚鱼尾数，再取其平均值，乘以该培育池体积即可测算出仔稚鱼的大概总尾数。

第二节　大黄鱼的苗种培育技术

大黄鱼的苗种培育是指大黄鱼仔稚鱼培育至商品苗的过程。目前主要为室内水泥池人工育苗，该模式环境条件可控，既可增温培育早春苗，又可降温提前培育早秋苗，可有效缩短生长周期。

一、苗种培育条件

（一）苗种繁育场设施条件

大黄鱼苗种繁育场应选择交通、通信便利，电力和淡水供应有保障的场地。水源应符合《无公害食品　海水养殖用水水质》（NY 5052—2001）的规定。繁育设施主要由育苗室、生物饵料培养设施，供电、供水、供氧、供热等生产配套设施，以及水质和生物检测实验室等组成。

大黄鱼育苗室要有良好的保温、通风、调光性能，朝向宜坐北朝南。育苗室水泥苗种培育池适宜面积一般为30～200米^2，水深1.5～3.0米；池子形状宜为圆角长方形，长宽比（2～3）：1，或圆形；池壁应光滑，池底应向排水口倾斜。为便于管理苗种，前期培育水泥池面积不宜过大，一般30～60米^2，水深1.5～2.5米；苗种培育后期或有标苗需要的，可采用60～200米^2、水深2.5～3.0米的大规格池子进行培育，对稳定水质、提高苗种后期培育成活率具有重要意义。

（二）理化因子调控

1. 育苗用水预处理

培育海水根据育苗用水的水源条件采取暗沉淀与沙滤等方法进行预处理。一般要经 24 小时以上暗沉淀与沙滤处理后，再用 250 目筛绢网袋过滤入池。

2. 培育环境条件控制

适宜水温在 20～28℃，盐度在 23～28，pH 8.0～8.6，氨氮含量在 0.1 毫克/升以下。培育期间，避免温度、盐度的骤变，昼夜温差控制在 2℃以内。室内的光照可根据天气变化进行调节，光照度调控在 1 000～2 000 勒克斯。避免光照的骤变及阳光直射产生鱼苗集群应激反应。培育过程连续充气，充气气泡均匀，池内无死角区。10 日龄前充气量为 0.1～0.5 升/分，10 日龄之后充气量为 2～10 升/分，随着鱼苗规格的增大逐步增大充气量，使池水溶氧量保持在 5 毫克/升以上。根据育苗设施设备、工艺及技术水平等条件来设定合适的放养密度。一般适宜培育密度：仔鱼期 5 万～10 万尾/米^3；全长 20 毫米的稚鱼在 2 万～4 万尾/米^3；全长 30 毫米的稚鱼在 1 万～2 万尾/米^3。

二、饵料投喂

大黄鱼人工育苗的饵料系列是指根据仔、稚鱼不同发育阶段对营养与饵料适口性的不同要求而选择不同饵料种类所组成的序列，其饵料系列依次为轮虫、卤虫无节幼体、桡足类、微颗粒人工配合饲料等。

（一）褶皱臂尾轮虫

褶皱臂尾轮虫作为大黄鱼仔鱼的开口饵料，其个体大小在70～150 微米（图 3-11A）。轮虫可用作 15 日龄之前仔稚鱼的投喂饵料，一般在 8 日龄之前投喂，投喂密度：2～5 日龄时为 5～10 个/毫升，5～8 日龄时为 10～15 个/毫升。轮虫在投喂前需经 6 小时以上2 000万个/毫升的微绿球藻液的二次强化培养，以增加其 n-3 系列高度不饱和脂肪酸含量，主要是 EPA 和 DHA 的含量，以满足仔稚鱼生长发育对高度不饱和脂肪酸的需求。一般上、下午各投喂轮虫 1 次。具体投喂量视鱼苗摄食情况调节，以维持水体中轮虫密度适宜为原则。

（二）卤虫无节幼体

卤虫无节幼体个体大小在 300～400 微米，是大黄鱼仔鱼食用轮虫之后与桡足类之前的适口活饵料（图 3-11B）。卤虫无节幼体在投喂前要经乳化鱼油的营养强化，以增加其高度不饱和脂肪酸含量。大黄鱼仔稚鱼若多日饱食未经营养强化的卤虫无节幼体，将会发生营养缺乏症“异常胀鳔病”而出现批量死亡。卤虫无节幼体一般在 6～10 日龄时投喂，投喂密度为0.5～1.0 个/毫升。在桡足类及其无节幼体丰富的南方地区，大黄鱼人工育苗中卤虫无节幼体仅作为过渡性饵料在短时间里少量搭配使用。

（三）桡足类及其无节幼体

桡足类及其无节幼体的投喂时间一般为 8～30 日龄，育苗水体中的密度保持在 0.2～1 个/毫升（图 3-11C）。桡足类可利用潮流在海淡水交汇的海区挂无翼张网捕捞，亦可在肥沃的海水池塘中培养后捞取。不同来源的桡足类经去除杂质后，按仔稚鱼的口径大小用 20～60 目的筛网筛选出适口个体进行投喂，早期投喂小个体的桡足类及其幼体。在投喂过程中，要坚持少量、多次和均匀泼洒的原则。如果是使用暂养的桡足类，每次都要从暂养池的底部捞取，以保证刚死亡的新鲜桡足类及时投喂。若间隔太长时间，尤其高温季节，死亡沉底的桡足类可能已经变质，投喂可能会引起鱼苗的批量死亡，或引起育苗池的水质恶化。在这种情况下，应从暂养池的底部以上捞取尚未死亡的桡足类进行投喂。

（四）微颗粒人工配合饲料

微颗粒人工配合饲料营养较全面，可购买现成的商品饲料，其保存、投喂均较方便（图 3-11D）。一般在 25 日龄之后投喂，也可在桡足类来源不便或因天气原因而供应不足时，解决鱼苗培育的“断粮”问题；亦为鱼苗下一步移到海区网箱中间培育投喂配合饲料“食性”转化打下基础。一般经过几天的驯化才能正常摄食微颗粒饲料，即每天早晨首先投喂微颗粒饲料，然后再投喂其他饵料。投喂方法是少量、多次、慢投，微颗粒饲料要投喂在鱼苗密集的静水区，让其在水面上漂浮片刻后陆续缓慢下沉，以被鱼苗适时摄食。

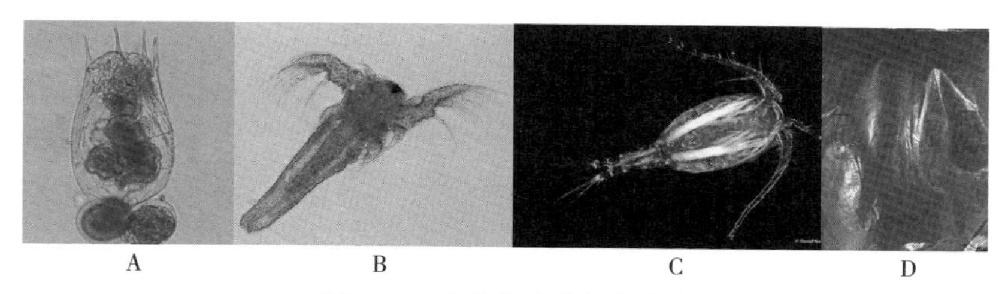

图 3-11 大黄鱼育苗饵料种类

A. 褶皱臂尾轮虫 B. 卤虫无节幼体 C. 桡足类及幼体 D. 微颗粒饲料

（五）育苗饵料投喂注意事项

（1）早期仔鱼多为被动随机摄食，口径也较小，投喂的轮虫密度应比常规投喂的密度偏大些，最好投喂处于繁殖高峰期前后的轮虫。这时轮虫幼体多，个体小，对早期仔鱼更加适口。

（2）对于轮虫、卤虫无节幼体和桡足类及其无节幼体等活体饵料，每次投饵前需对培育池中这些饵料的残留量进行取样计数，再计算不足部分予以补充投喂。

（3）前后两种饵料不能在 1 天内快速更替，即在更替另外一种饵料时，前一种饵料还要继续交替过渡投喂数日，这样可以让所有的仔稚鱼逐步适应新的饵料，特别是对一些幼小的仔稚鱼。

（4）当轮虫、卤虫无节幼体和桡足类及其无节幼体等活体饵料在交替过程中需要同时投喂时，应注意投喂顺序，首先投喂桡足类及其无节幼体，先让大个体的稚鱼去抢食；然后再投喂轮虫，以保证幼小的仔稚鱼的摄食；最后才能投喂所有仔稚鱼都喜欢摄食的卤虫无节幼体。

（5）在交替投喂中最后投喂的卤虫无节幼体以 2 小时内消耗完为准，否则易引起仔稚鱼饱食营养不丰富的卤虫无节幼体，造成营养缺乏症而引起批量死亡。桡足类等天然活体饵料由于供饵时间的不确定性（时常在晚上运输至育苗场），为避免暂养至次日影响其成活率和质量，可采取晚上开灯投喂，此法也可用于加快鱼苗的生长，便于赶上海区潮水（一般为小潮）提早出苗。

（六）大黄鱼苗种培育饵料系列

大黄鱼苗种培育饵料系列如图 3-12 所示。

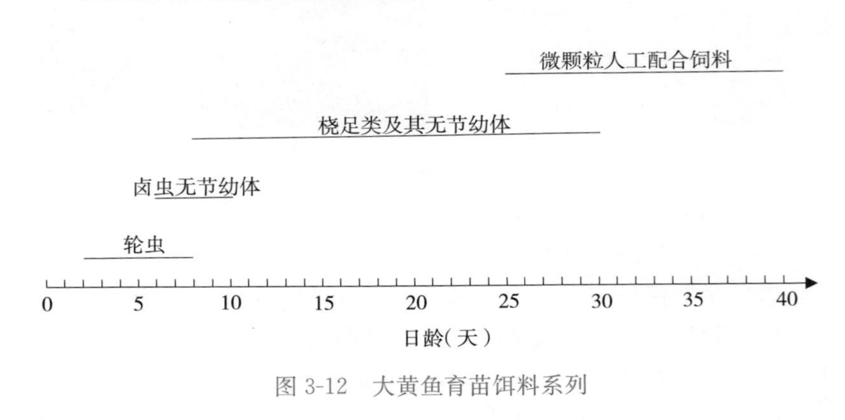

图 3-12　大黄鱼育苗饵料系列

三、育苗日常管理

（一）水质管理

1. 换水与流水培育

10 日龄前，一般每天换水 1 次，每次换水量为 30%～50%；10 日龄后，一般每天换水 1～2 次。稚鱼前期的换水率为 50%～80%；稚鱼后期在 100%以上。若仔稚鱼密度大、水质不好，可考虑间断性流水培育。在育苗的不同阶段，用相应的筛绢网目制作的网箱换水（图 3-13）。

图 3-13　育苗换水网箱

2. 池底清污

每天用吸污器吸去池底的残饵、死苗、粪渣及其他杂物；每隔 3～5 天，刮除池壁上的黏液与附着物。每次吸污时，可在吸污器的排污管末端套接过滤网袋，收集排出的仔稚鱼活体、尸体等，检查仔稚鱼生长、存活与残饵情况。育苗密度较高时，为防止缺氧，要分区轮流停气吸污；育苗密度低时，仔鱼开口投饵的 3 天内可不吸污。吸污操作一般在换水前。吸污装置结构见图 3-14、图 3-15。

3. 添加单细胞藻

在仔鱼与早期稚鱼培育期，每天定时添加海水单细胞藻液，使池水保持 5 万～10 万个/毫升的浓度，呈微绿色。刚施过肥的藻液不宜添加，最好是添加已施肥多日且颜色刚转为浓绿色的藻液。添加藻液不仅可吸收池水中的氨氮等有害物质、增加水体溶解氧，还可调节水体透明度，为仔、稚鱼提供一个安全的水环

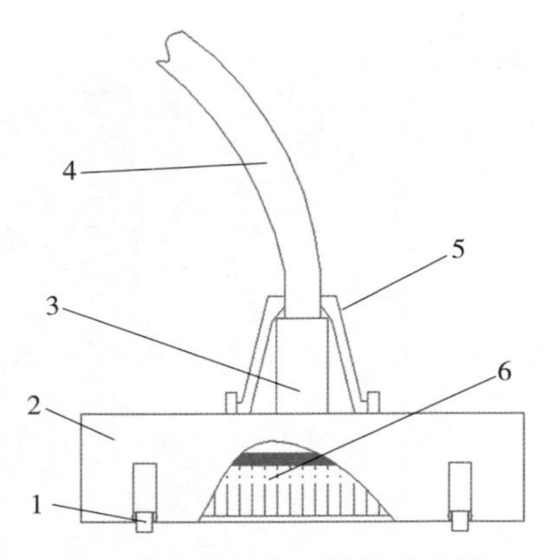

图 3-14 吸污装置结构示意图

1. 滑轮 2. 外壳 3. 方向调节器 4. 吸污管 5. 撑架 6. 刷子

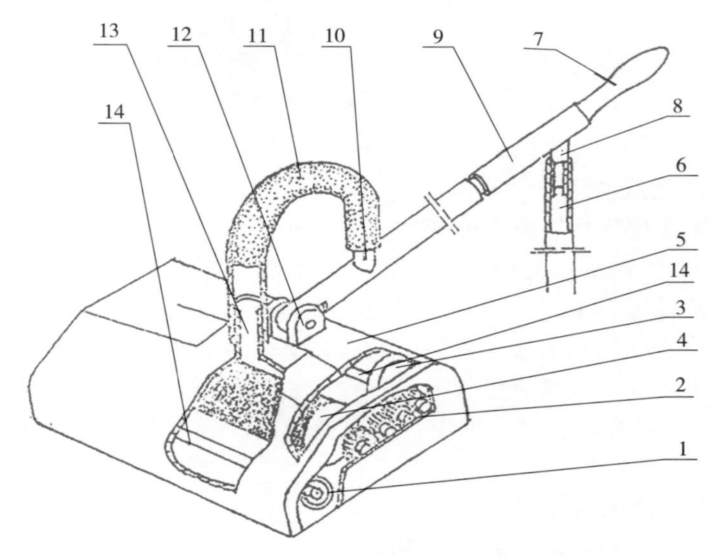

图 3-15 吸污装置侧视结构示意图

1. 辅助轮 2. 齿轮组 3. 滚轮 4. 毛辊刷 5. 外壳 6. 软管 7. 手柄 8. 接口 9. 排污管 10. 接口 11. 软管 12. 支座 13. 排污口 14. 辊轴

境；同时，也可为培育池中轮虫、卤虫无节幼体、桡足类等育苗活体饵料提供饵料，起到营养强化和延长池中饵料生物存活时间的作用。

（二）日常监测管理

每天观察仔稚鱼的形态及生态习性变化，镜检胃肠饱满度与胃含物，观察仔稚鱼摄食情况、仔鱼和稚鱼数量、饵料密度变化情况，统计死苗数，监测水温、盐度、pH、溶解氧、氨氮、光照度等理化因子变化情况，发现问题及时处理。

四、苗种质量与出苗

出苗是指鱼苗在室内培育到一定规格时，从育苗室移入海上网箱进行中间培育的操作过程。大黄鱼鱼苗一般通过约 40 天的室内水泥池培育，达到平均全长约 30 毫米时，育苗水质较难控制，且易发生病害，同时为降低室内育苗的水处理、饵料等成本和压力，就可选择适时出苗。有的育苗室条件较好，有较大育苗水体，可降低密度培育至 40～50 毫米的规格，再择机出苗。

（一）鱼苗质量要求

鱼苗质量要求参照表 3-2。

表 3-2 鱼苗质量要求

项目	鱼苗质量要求
外观	鱼苗大小规格整齐；肉眼观察 95%以上的鱼苗卵黄囊基本消失、鳔充气、能平游和主动摄食，且色泽光亮；集群游泳，行动活泼；在容器中轻微搅动水体，90%以上的鱼苗有逆水能力
可数指标	畸形率小于 3%，伤病率小于 1%
可量指标	95%以上的鱼苗全长达到 30 毫米以上
检疫	对国家规定的二、三类疫病进行检疫

（二）出苗过程

1. 鱼苗的诱集

用不透光的黑塑料薄膜遮盖池面的一端，使鱼苗趋光集群至池子的另一端。

2. 鱼苗的搬运

对于高程差小于3米的，可用水桶带水快速搬运到运输车、船上；对于高程差大于3米以上的，则采用塑料软管虹吸，效果更佳、更简便，且鱼苗不易损伤。

3. 鱼苗的运输

活水船是运输鱼苗的首选运输工具，其对长途和短途的鱼苗运输均较适用。运输时，在活水船舱内设置网箱装载鱼苗，通过配备充气装备增氧和使用水泵保持舱内运输海水与舱外自然海水的自由交换，保持水中溶解氧充足。运输密度与运输时间长短有关，一般2～3小时运程内的鱼苗运载密度约25万尾/米^3；10小时以上运程的运载密度约10万尾/米^3。车运鱼苗短途可用容器充气运输，为保证运输成活率，运输水温宜控制在20℃以下，运载密度宜控制在10万尾/米^{3}以内。少量鱼苗也可使用塑料薄膜袋充氧运输，运输时水温宜控制在14～15℃，每个40厘米×70厘米塑料薄膜袋装海水10升，10小时以上运程的每袋装苗200～300尾，短途的装苗量可酌情增加。

第三节　大黄鱼的人工养殖技术

一、大黄鱼网箱养殖技术

大黄鱼网箱养殖按网箱面积大小可分小网箱养殖、大网箱养殖两种形式；按照网箱抗风浪能力，可分成普通网箱养殖和抗风浪网箱养殖。小网箱面积一般在十几平方米至上百平方米，深度也较小；大网箱面积一般在几百平方米以上，深度也较大。目前大黄鱼的网箱养殖主要为传统的浮式框架网箱养殖（以下简称“网箱养殖”），网箱规格有小网箱和大网箱之分，但其总体抗风浪、抗流能力较弱，主要集中在风浪和潮流较小的湾内水域。网箱养殖作为

目前大黄鱼最主要的养殖模式，其养殖产量占全国大黄鱼总量的90%左右，主要特点是集约化程度与单位水体产量相对较高、养殖管理方便等（彩图36）。

（一）网箱养殖海域选择、养殖渔排制作与网箱设置

1. 设置网箱的海域选择

根据大黄鱼生物学特性和养殖技术要求，设置大黄鱼养殖网箱的海区应满足以下几个条件：

（1）风浪条件　现有海水养殖网箱的抗风浪能力有限，应选择在避风条件好的港湾内，或附近有山头与岛屿阻挡的海域，也可将人工设置固定式与浮动式防浪堤的海域作为网箱设置区域。

（2）潮流和水深条件　兼顾养殖区水体交换和便于通过挡流措施控制网箱养殖区内水体流速，宜选择水体流速在2米/秒以内海区，最宜1～2米/秒；流向要平直而稳定，即以往复流的海区较适宜，不宜设置在有回旋流的海区。海区有效水深（平潮时）要在10米以上，最低潮时网箱离海底至少有2米的距离。

（3）周边环境与水质条件　设置网箱的海区水质要符合《无公害食品　海水养殖用水水质》（NY 5052—2001）标准，上游应无工业“三废”或医疗、农业、城镇排污口等污染源。海区年表层水温变化在8～30℃，盐度在13～32，溶解氧在5毫克/升以上，pH7.5～8.6。透明度在1.0米左右为宜，透明度太大会引起鱼惊动与不安，且网箱易附生附着生物，透明度太小时会影响摄食。

2. 养殖渔排制作与安装

生产上俗称的大黄鱼网箱养殖渔排是指由多个网箱按一定框架结构组成，并配备养殖管理附属设施而组成的养殖单位，其主要由网箱框架、网箱网衣、附属设施、生产配套设施等部分组成。

（1）网箱框架制作与固定　传统网箱框架是由多块厚10～15厘米、宽20～40厘米、长10米以上的硬质木板垂直交叉相叠并用螺栓固定而形成的横竖排列的多个框位。在木板下采用直径50～60厘米、长80～100厘米的圆形或方形浮子作为其主要支撑力，以保证框架有足够的承载重量和漂浮于水面。兼顾牢固性、管理方

便性，目前网箱框架单个网箱框位的规格一般为边长 3～5 米（多为 4 米）的正方形，网箱框架总面积和框位的数量依据海区的水流、风浪、水深条件和养殖生产投入总体情况而定，一般在 2 000 米^2 左右。为提高网箱养殖的防风浪能力和出于环保的需要，目前以木板和塑料泡沫为主要原料制作的网箱框架已逐步被高密度聚乙烯（HDPE）全塑胶网箱框架所替代（图 3-16），并出现框架周长 60～120 米的 HDPE 大网箱（图 3-17）。

A

B

图 3-16　大黄鱼养殖渔排
A. 传统木质渔排　B. HDPE 全塑胶渔排

图 3-17　HDPE 浮台式大网箱

根据网箱框架规模与设置海区潮流大小，渔排两端各以 3～5 条、5 000～10 000 丝粗的聚氯乙烯（PVC）胶丝缆绳固定，沿潮流方向采用桩、锚或重石坨将网箱框架固定在网箱区的海底；在垂直于潮流方向的两侧，视其长短的程度，在海底用 2～4 根缆绳固定，以保持渔排与潮流方向平行。固定用的缆绳长度为水深的 3～4 倍。网箱框架结构与安装见图 3-18。

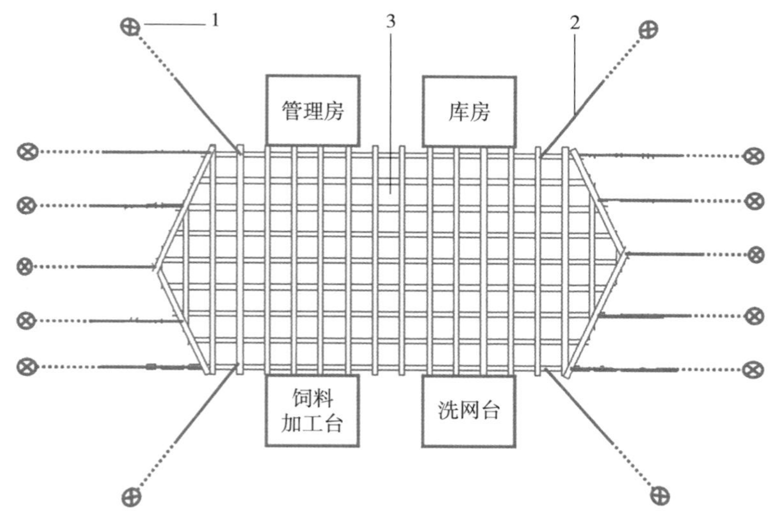

图 3-18 大黄鱼网箱渔排结构与安装俯视图
1. 固定桩 2. 固定缆绳 3. 网箱框位

（2）网箱网衣的制作与固定 养殖网箱的网衣一般以质地柔软的聚氯乙烯胶丝或细尼龙线编织的结节网片缝制；同时为减小刮伤大黄鱼鱼体的概率，其网衣的网眼比其他同规格养殖鱼所用网箱稍偏小。为保持网衣的形状，避免网衣受力不均而破损，网衣的各面交接处及网口均缝制纲线。网衣规格包括网衣大小、网眼大小和网线的粗细，要根据养殖大黄鱼的规格大小而定。一般鱼种培育阶段使用小规格小网眼的网箱，成鱼养殖阶段使用大规格大网眼的网箱。一般成鱼规格越大，网衣规格越大，对其生长越为有利，但同时也会带来管理的不便且安全系数降低，通常会增加双层网衣防护以降低网衣破损带来的风险。

网衣固定在网箱框架上而成养殖网箱。将网衣上口四角固定在网箱框架上，网衣上口四边根据其长度，一般按间隔2米的距离将其固定在网箱框架上；网衣下口四角的固定在目前生产最常用的是用沙袋或卵石袋作沉子，将其系于网衣下口四角，并从沉子上引出垂绳系在框架的木头上，拉紧的垂绳等于网箱深度。视网箱养殖区潮流大小，可使用20～50千克的不同重量的沉子进行网衣固定；通常在多通框的大规格网箱网衣固定中，应在中间的每框位置上另外增加相应沉子，以保持网箱网衣在水流状态下的形状（图3-19）。

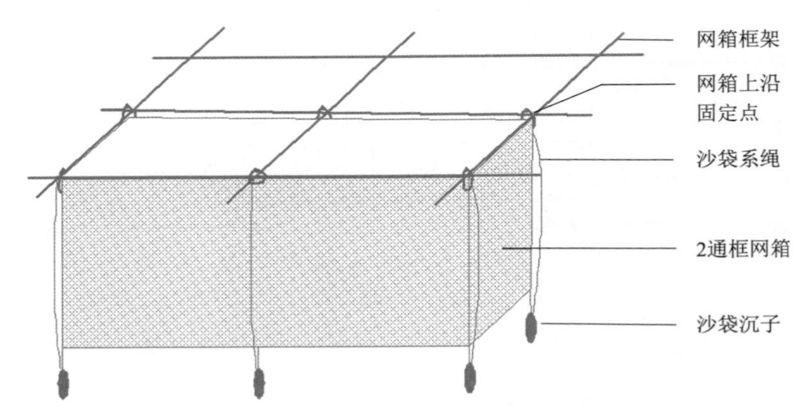

图3-19　2通框网箱结构与固定示意图

（3）附属设施　大黄鱼网箱渔排附属设施主要包括挡流网、投饵框和网箱的盖网等。根据海区潮流的大小，在渔排呈楔形的两端垂直布设相应较密的网片，以减小或调整网箱内水流的大小，起到挡流的作用，同时起到拦截垃圾的作用。挡流网片的大小可根据所养鱼体规格、海区潮流的大小灵活调整。通过设置挡流网，使网箱内的水流流速降至0.2米/秒以下。投饵框设置在网箱中央位置的表层，避免在投喂鱼糜或膨化颗粒饲料等浮性饲料时饲料从网衣网眼流失。投饵框用60目尼龙筛网缝制，网高50厘米，其中露出水面20厘米，入水深度30厘米；投饵框面积占网箱面积的20%～

25%。投饵框结构示意图见图 3-20。

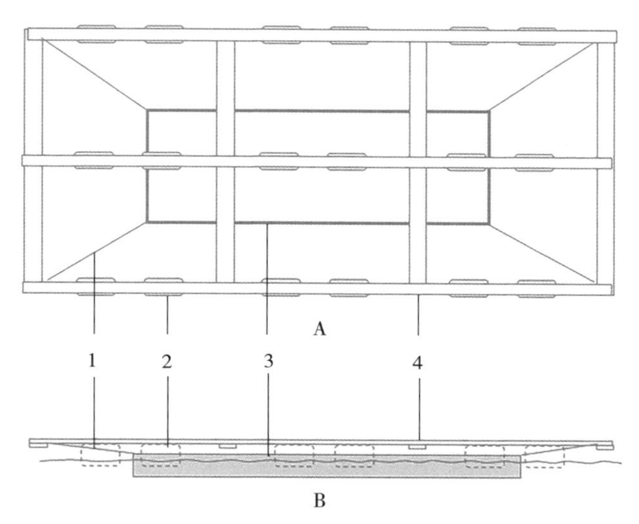

图 3-20 网箱投饵框结构示意图
A. 俯视图 B. 侧视图
1. 拉绳 2. 浮球 3. 投饵框 4. 网箱框架木条

每个网箱上面可缝细尼龙线编织的盖网，防止养殖的大黄鱼因惊动等原因跳出网箱外和被水鸟等啄食及临近网箱的养殖鱼跳入而造成相互混杂。

（4）生产配套设施设备 包括管理房、饲料加工、仓库、交通船、水电供应、换洗网箱与维护环境卫生等设施设备，根据渔排规模大小和养殖管理需要进行设置。

3. 网箱设置与布局

网箱的布局是否合理、科学，关系到大黄鱼养殖环境、效率、效益与成败。一般以网箱的总面积占整个网箱养殖区总水面的10%～15%为宜。网箱不能离岸边太近，视地形与水深情况，应与岸边保持 20～50 米的距离。具体布局时，应根据网箱框位规格的大小及网箱设置海区的深度与风浪大小，以每 120～140 个网箱框位连成 1 个渔排（约 2 000 米^2）为宜。水较深与风浪较大的海区，单个渔排的面积可偏大些。各渔排间的间距应保持在 10 米以上。每个网箱养殖区由 40～50 个渔排、5 000～6 000 个网箱框位［网箱总面积（8～10）×10^4 米^2］组成。网箱区内沿潮流方向，应留有 1 个宽 50 米以上、数个宽 20 米以上的通道。若超过 6 000 个网箱框位，应另设养殖区。两个养殖区之间应间隔 1 000 米以上。每个独立的网箱区连续养殖两年后，应在越冬期间，有计划地统一收起挡流装置及网箱，休养 1～3 个月，使网箱底部的沉积物随潮流得到转移或氧化。理想的大黄鱼网箱养殖区布局如图 3-21 所示。

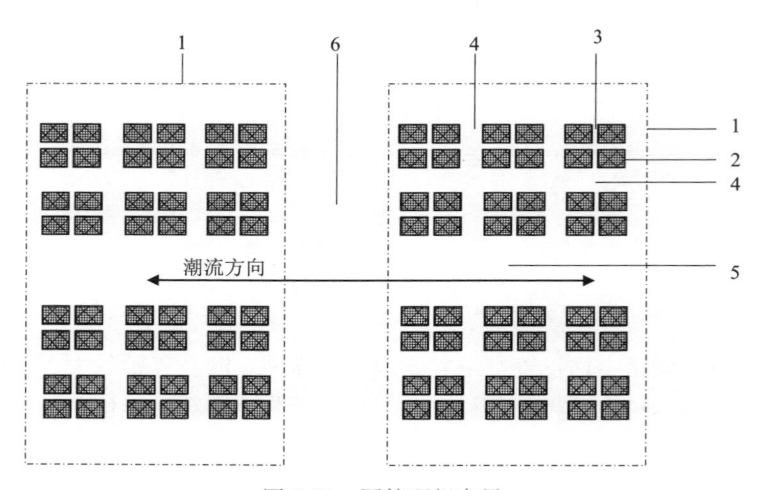

图 3-21　网箱理想布局

1. 网箱养殖区　2. 养殖渔排　3. 子通道（宽 10 米以上）　4. 次通道（宽 20 米以上）　5. 主通道（宽 50 米以上）　6. 网箱养殖区间通道（宽 1 000 米以上）

（二）网箱培育大黄鱼鱼种技术

网箱培育大黄鱼鱼种是指全长 20 毫米以上的大黄鱼鱼苗，经网箱培育至第二年春季成 50～150 克/尾的大规格鱼种的过程，其培育周期长达 1 年左右。该阶段培育的鱼种主要作为大黄鱼网箱养殖、池塘、围网养殖及其他养殖模式的鱼种来源。

1. 鱼苗放养前的准备工作

（1）网箱选择与张挂　大黄鱼鱼种培育的网箱网衣规格为 2 个

4 米×4 米网箱框位组成的 2 通框，网箱深 4～6 米。放养全长20～30 毫米鱼苗的网衣网目长 3～4 毫米；放养全长 40～50 毫米鱼苗的网衣网目长 5～6 毫米；放养全长 50 毫米以上鱼苗的网衣网目长 10 毫米。所用网箱需经专人逐张逐面逐行检查确定无损后方可使用，发现破洞及时缝补，杜绝破网逃鱼事故发生。所有暂养网箱应在下海鱼苗运达前 1～2 天做好挂网准备。

（2）网箱挡流　做好网箱的挡流，使网箱内的水流流速控制在 0.1 米/秒以下。

（3）夜灯吊挂　为避免夜晚鱼苗被潮流推挤到网壁上，需在每个网箱的中央离水面 1 米的上方吊挂 1～2 盏 9～15 瓦的节能电灯，在夜间开启使鱼苗集群在网箱中央。

2. 鱼苗的放养

（1）鱼苗选择　根据网箱区的不同条件投放不同规格的鱼苗。潮流湍急的网箱区，宜购买 50 毫米以上规格较大的苗种；若箱内流速较缓，离育苗室较近且交通方便的，可购买刚出池的全长20～30 毫米小规格鱼苗，以降低购苗成本。为增强鱼苗对运输、操作与潮流的适应能力，室内刚出苗的全长 20～30 毫米的鱼苗需经海上网箱中间培育成50 毫米以上的大规格苗种。该过程又称大黄鱼鱼苗的“中间培育”或“标粗”。

（2）放养时间的安排　放养鱼苗要尽量选择在小潮汛期间及当天的平潮流缓时段。低温季节宜选择天气晴好且无风的午后；高温季节宜选择天气阴凉的早晨与傍晚。

（3）放养条件　网箱的鱼苗放养密度同水温高低与鱼苗大小规格密切相关。在水温为 15℃情况下，一般全长 30 毫米左右的鱼苗放养密度 1 500～2 000 尾/米^3；全长 50 毫米左右的苗种放养密度 1 000～1 500 尾/米^3。若水温为 25℃，放养密度需降低 20%～30%。同一个网箱放养的鱼苗规格力求整齐，以免互相残食。为了防止带入病原体，利用装桶提苗的间隙，用添加消毒剂的淡水溶液进行消毒。鱼苗放养时，由于其抗流能力较弱，网箱内的流速宜控制在 0.1 米/秒以内。

3. 苗种的饲养与管理

(1) 苗种的饲养　刚移入海区网箱的小规格鱼苗，即可投喂加工的鱼贝肉糜、湿颗粒饲料或人工配合微颗粒饲料，以及冰鲜桡足类、糠虾与磷虾等。全长30毫米左右的鱼苗在15℃以上时，沉性颗粒饲料的日投饵率为10%～15%，每天2～3次。随着鱼苗的长大，逐渐降低投饵率。全长40～50毫米的鱼苗，从鱼苗暂养网箱移入养殖网箱，即可投喂沉性人工颗粒饲料或加工的鱼糜。全长70毫米以上的鱼种可投喂浮性人工颗粒饲料或鱼糜。若网箱所在海区自然分布的桡足类、糠虾等天然饵料较多，晚上可在网箱上吊灯诱集。全长约160毫米规格的鱼种，日投饵率为2%～3%。实际投饵量要根据气候情况、海区水温条件、鱼苗规格的大小进行灵活掌握，可视前一天鱼苗的摄食情况进行适当增减。11月至越冬前的12月底（水温15～20℃），按每天1次进行投喂，且应选择在早晨及傍晚这两个摄食较好的时段进行投喂，可有效缩短投喂时间。

(2) 网箱的日常管理　鱼苗培育阶段，网箱的网眼小，易附着生物和淤泥而造成网眼的堵塞。在高温季节、小潮汛期间与平潮无流时，网衣的堵塞易造成箱内鱼苗缺氧而死亡。为此，要经常检查网眼的堵塞情况，及时换洗网箱。一般情况下，3毫米网目的网箱一般换洗时间间隔为8～15天，5毫米网目网箱为15～30天，10毫米网目网箱为30～50天。在苗种活力不好、苗种饱食后、箱内潮流湍急等情况下，均不宜进行换箱操作。

(3) 理化环境与苗种动态的观测　每天定时观测水温、盐度、透明度与水流，观察苗种的集群、摄食、病害与死亡情况，并做好记录。

4. 鱼种的越冬管理

4月初入箱的鱼苗经过9个月的培育，到当年12月底随着水温的下降，大黄鱼的摄食量也逐渐减少，尤其是到第二年1月水温下降到13℃以下时，摄食量明显减少，进入鱼种的越冬期。3月下旬至4月上旬水温回升至13℃以上。越冬期大约3个月。做好大黄鱼鱼种的越冬培育工作对养殖出健壮大黄鱼具有重要意义。越冬管理按时间可分为前期、中期和后期三个阶段，三个阶段的技术管理要点如下。

（1）越冬前的管理操作　①越冬前应对所有网箱中的鱼种进行全面清点与筛选，并按不同规格与相应的密度，进行拼箱或分箱。②越冬前要提高饲料质量强化饲养，增强鱼种体质，为其安全、顺利越冬储备足够的能量。③越冬期间不宜搬动鱼种，也不便于治疗鱼病，要提早做好网箱的安全防患与防病工作。④越冬前要认真检查网箱的固定、挡流及网具，消除越冬过程中的隐患；同时，根据拼箱、分箱过程中发现的鱼种的病、伤情况，及早通过口服与浸浴的给药方法予以治疗，使鱼种在越冬之前处于良好的状态。

（2）越冬中期的饲养管理　①要坚持每天投喂 1 次，低温或阴雨天气则隔天投喂 1 次。②饲料应保证新鲜。③定期在饲料中添加营养和免疫增强剂，增强鱼体体质。④一般不换网箱，避免鱼体损伤。

（3）越冬后期的管理　①随着水温的回升，鱼种摄食强度明显增大，但投喂量应缓慢地逐日增加，避免突然增大投喂量而引发病害。②这一阶段仍要尽量避免移箱操作。

（三）大黄鱼网箱养成与管理

将规格 50～150 克/尾大黄鱼鱼种放养至商品鱼收获的网箱养殖阶段俗称大黄鱼的网箱养成，也是大黄鱼养殖最重要的阶段。该阶段主要技术要点如下：

1. 养成网箱设置

（1）网箱选择　大黄鱼养成阶段，鱼体规格大、活动空间大，宜使用规格较大的养殖网箱。兼顾管理方便的原则，养成阶段的网箱以 3～9 个通框为宜，即面积 48～144 米^2，深度 4～8 米。对潮流较为畅通、水深条件较好的海域，也可选择 12～24 个通框、深度 8～10 米的大网箱进行大黄鱼的养成，网箱规格较大，对增大鱼体生长空间、提高鱼体生长速度和产品品质有较大的帮助，但同时也会带来安全系数降低和管理的不便，对此应采取双层网衣等安全防护措施。网衣网目大小可根据不同阶段鱼体大小进行选择，一般为 20～50 毫米。

（2）海区条件　养成阶段相比于鱼种培育阶段，鱼体的抗流能力有较大的增强，可适当提高网箱内的流速，控制在 0.1～0.2 米/秒；对养成后期鱼体规格较大的 12～24 个通框、深度 8～10 米的大网箱养殖，控制在 0.2～0.3 米/秒。

2. 鱼种的选择与放养

（1）放养季节　鱼种的放养季节要根据网箱养殖区海域的水温条件，一般在水温升至 15℃以上就可以放养，在福建三都湾海域宜选择 4 月中旬至 5 月上旬，在浙江中南部海域宜选择 5 月中下旬。选择该季节进行放养，有利于对大黄鱼鱼种的筛选与运输操作，鱼种筛选时不容易受伤，运输过程水温也较合适，能保证运输成活率。此外，放养季节要根据上一年生产情况和当年生产计划做适当调节，一般在上一年商品鱼已收获，网箱框位空出，网箱重新收起、洗净、修补张挂完好后就可放养。

（2）鱼种的选择　宜选择上一年春季育出的经一年网箱培育的鱼种，其规格一般在 50～250 克/尾。放养的鱼种应选择体形匀称、体质健壮、体表鳞片完整、无病无伤的个体。尤其要认真检查是否携带病原体。搬运前若检测发现有应激反应症状，应强化培育，症状消除后才能运输投放。同一网箱中放养的鱼种规格应整齐一致。若计划当年收获达到 400 克/尾以上商品规格，放养的鱼种规格要在 100 克/尾以上。鱼种质量的具体要求可参照表 3-3。

表 3-3　鱼种质量标准

项目	标准
规格	整齐、大小均匀
体表	鳞片完整、光滑有黏液
体色	鲜亮
活力	游动活泼，无应激反应

（续）

项目	标准
畸形率、伤残率与死亡率之和	≤2%
病害	传染性细菌病不得检出，刺激隐核虫、本尼登虫等寄生虫及病毒性病害均不得检出

3. 鱼种的运输

（1）运输工具　鱼种的运输工具有活水船、活水车、鱼篓、水箱、塑料袋（充氧）等。大黄鱼鳞片薄软，稍稍移动就易分泌黏液，特别是数量较多时，若采取封闭的容器运输，如氧气袋等，分泌的黏液易使运输水体黏稠，即使充气也很难达到增氧的目的，很难保证运输的成活率。因此，在生产上鱼种的运输方法多采用活水船配合充气的方法进行批量长途运输，其运输成本也相对较低，特别在大量运输时能取得较好效果。

（2）运输水温和天气　运输鱼种一般在水温下降至16～18℃的秋季或水温上升至14℃以上的春季进行。活水船运输要选择暖和且风浪小的天气进行。

（3）运输前准备　鱼种发病期间或饱食后的鱼种不宜运输。运输前需停食1～2天，有利于减少其代谢产物对运输水质的影响和增强其抗应激能力。

（4）运输密度　鱼种的运输密度与运输方式、鱼种规格大小、运输水温、运输时间等有很大关系。不同规格鱼种活水船运输可参照表3-4。

表3-4　不同规格鱼种活水船运输密度

鱼种规格（克/尾）	运输密度（尾/米^3）
50～100	200～300
100～150	150～200
150～250	100～150

注：活水船30吨，运输水温15℃，运输时间12小时。

（5）运输管理　采用活水船运输时，运输过程要保证船舱内装载鱼的水体处于活水状态，不间断地向船舱内连续加入海区新水，一般每小时保证舱内水体交换率达 200%左右。运输途中采取遮光措施并保持微充气状态。鱼种分泌的黏液容易使水质黏稠、变坏，影响水体溶解氧，要经常用捞网清除；并观察鱼种及运输器具的运转状态，确保进出水畅通和鱼种活力良好。

4. 鱼种的放养

（1）放养时间　位于潮流湍急海区的网箱，应选择在小潮汛平潮流缓时放养。晴热天气时，应选择在较凉爽的早晨与傍晚后投放；早春低温天气时，应选择在较暖和且无风的午后投放。

（2）放养密度　鱼种的放养密度应根据网箱内水流畅通情况、鱼种的规格和养殖网箱大小等综合情况来确定。一般情况下，鱼种的放养密度可参照表 3-5。对于 12～24 个通框的大网箱，放养密度可在表 3-5 的基础上适当提高 10%～20%。

表 3-5　不同规格鱼种放养密度

鱼种规格（克/尾）	放养密度（尾/米^3）
50～100	30～35
100～150	25～30
150～250	20～25

（3）鱼种的消毒　为防止带入病原体，在鱼种运达网箱区后，可在搬运间隙，用安全的溶有抗菌药物的淡水溶液对鱼种进行浸浴消毒。

（4）注意事项　若使用氧气袋等封闭性水体运送鱼种，在移入网箱时，要避免相对密度与水温等条件的突变。放养时采取在运送水体中逐量添加网箱区海水的办法，使放养鱼种适应网箱区养殖水环境。

5. 饲料与投喂

（1）冰鲜杂鱼饲料及加工　冰鲜料在大黄鱼网箱养殖中作为最主要的饲料来源，其占用饲料总用量的比例高达 80%以上。冰鲜杂鱼饲料主要分为冰冻小杂鱼和鲜小杂鱼。冰冻小杂鱼主要种类有鳀、沙丁鱼、麦氏犀鳕、龙头鱼、小带鱼等，多为冷库保存，俗称“冰片”；鲜小杂鱼一般为定置网捕获的渔获物，包括小带鱼、龙头鱼等种类繁多的小鱼虾。冰鲜杂鱼需加工后进行投喂，大黄鱼商品鱼养殖阶段，经加工的冰鲜杂鱼饲料的饲料系数略高于 5，而未经加工的小杂鱼虾饵料系数高的可达 8～10。

其加工方法主要有两种：①用刀或切肉机把饵料鱼切成适口的鱼肉块。该方法优点是加工方便，鱼肉块在水中不易溃散，对水质影响较小；缺点是鱼肉块在水中沉降速度相对较快，如投喂速度较快易造成沉底浪费，而且不易添加其他营养成分和防病药物等，其营养较为单一。该种方式一般用于室内亲鱼培育。②加工成浮性团状肉糜。把日本鳀、七星鱼等水分含量较高的冰鲜小杂鱼用绞肉机经 2～3 次绞碎，绞成黏性强的浮性团状肉糜饲料。该方法可以混入部分粉状配合饲料，或其他鱼、贝肉等饵料，或添加防病药物，也便于添加维生素等添加剂，可配制营养较为全面的人工配合饲料，而且经加工后其相对密度较小，可浮于养殖水面，适合大黄鱼摄食慢的习性（图 3-22）。其主要缺点是在水中较容易溃散流失，不仅易造成饲料的浪费，而且对养殖环境的污染较大；另外，鲐、鲹等冰冻鱼在解冻过程中容易氧化，颜色变深，肉质松软，使饵料质量明显下降。为此，在加工前宜以机械办法把冰冻片敲散后用海水稍加冲洗，在表面解冻后即沥干加工成鱼糜。以此方法加工的鱼糜温度较低、颜色较浅、鲜度较好，即使投喂时间稍长也不易变质。该种方式可配合添加黏性较强的粉状饲料以增加饲料黏性，并可结合设置投饵框、及时捞除残饵等措施，以减少其溃散、流失，降低对养殖环境的污染。

（2）人工配合饲料　由于大黄鱼人工配合饲料的研发还相对滞后，大部分品牌都无法达到大黄鱼全价配合饲料的要求，特别在中成鱼养殖阶段尚无法达到投喂冰鲜杂鱼的养殖效果。目前大黄鱼人工颗粒配合饲料应用主要局限在苗种阶段、养殖高温期，以及禁渔期冰鲜杂鱼饲料稀缺的情况下作为冰鲜杂鱼替代饵料。

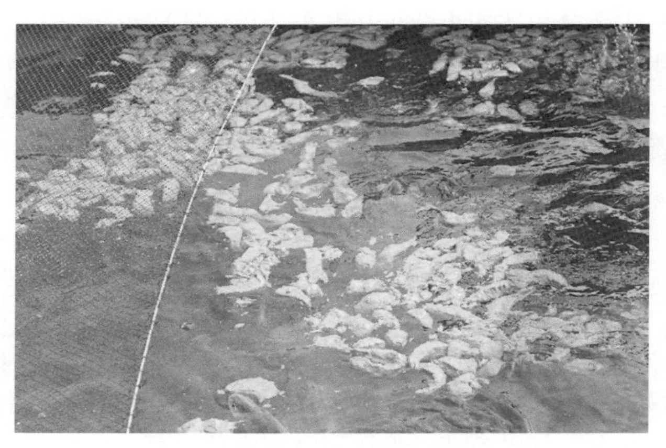

图 3-22 冰鲜饲料加工成肉糜投喂效果

因此，目前大黄鱼商品鱼养殖阶段的饲料以冰鲜杂鱼饲料为主，人工配合饲料的推广比例仅占大黄鱼饲料总用量的 30%左右。

大黄鱼配合饲料有 3 种形态，即颗粒饲料（普通和慢沉性）、浮性膨化饲料、湿颗粒饲料（又称软颗粒饲料，一般是用粉料加鱼浆或水按一定比例混合均匀，经绞肉机制成水分含量在 30%～40%的湿软饲料）。目前，应用较广泛的是浮性膨化饲料，因其浮于水面较适合大黄鱼的摄食习性，既能避免营养流失和污染水质，又方便养殖者观察鱼摄食情况（图 3-23）。而颗粒饲料和湿颗粒饲料或因沉降快、易流失，或因加工投喂较为费时和不易保存等原因，应用范围受到较大限制。

（3）饲料投喂技术　晚春初夏与秋季是大黄鱼生长的较佳季节，水温在 20～25℃，一般每天早上与傍晚各投喂 1 次。水温在 10～15℃时每天 1 次，阴雨天气时，可隔天 1 次。遇大风天气或大潮时，每天投喂 1 次，甚至不投。

当天的投喂量主要根据前一天的摄食情况，以及当天的天气、水色、潮流变化，有无移箱操作等情况来决定。在投喂前及投喂中，尽量避免人员来回走动而惊扰鱼。冰鲜饲料和配合饲料的日投饵率分别参考表 3-6 和表 3-7。

图 3-23 浮性膨化颗粒饲料网箱投喂效果

表 3-6 大黄鱼冰鲜饲料日投饵率（水温 22℃）

大黄鱼体重（克/尾）	日投饵率（占鱼体重百分比，%）
50～150	8～10
≥151	6～8

表 3-7 大黄鱼配合饲料日投饵率（水温 22℃）

项目	幼鱼配合饲料	中成鱼配合饲料
大黄鱼体重（克/尾）	50～150	≥151
日投饵率（占鱼体重百分比，%）	2～4	1.5～3

在高温期（水温 29℃以上），应尽量选择合适的配合饲料进行投喂，少投或不投冰鲜饲料，并控制投喂量，不宜摄食太饱。

（4）管理操作 大黄鱼商品鱼网箱养殖的管理操作基本上同鱼种培育阶段，主要区别之处和注意事项：①晚春初夏与秋季是大黄鱼的适宜生长季节，但网箱上最容易附着污损生物，该季节也是养殖病害的高发季节；因此，春秋两季要经常检查网眼的堵塞情况，定期在网箱壁周围泼洒生石灰，减少生物附着，一般每隔 30～50 天换洗 1 次；大网箱养殖由于网箱面积大，存鱼量大，换箱操作不便，原则上采取定期刷洗网箱的方式来保持网箱内水流的畅通，一般每隔2～3个月刷洗网箱1次。②高温期间，鱼体抵抗力差，为避免应激反应，原则上不建议换网；鱼体活力不好或饱食后、箱内潮流湍急等情况下也不宜换网操作。③换网时要防止鱼卷入网衣角内造成擦伤和死亡。④要坚持每天早、午、晚3次检查鱼体动态，特别是在水流不畅或水质富营养化的连片网箱养殖区中央区域。尤其是在闷热天气、小潮汛的平潮无水流及夜间和凌晨，要加强巡视，并适时开动增氧设备，谨防缺氧死鱼。

6. 商品鱼的收获与运输

一般情况下，大黄鱼经4～6个月的网箱养成，即可达到300克/尾以上的商品鱼规格。随着大黄鱼市场的开拓，目前规格100克/尾以上的大黄鱼就有市场需求，可作为商品鱼进行销售。一般情况下，商品鱼规格越大价格就越高，相对成本就越低，经济效益就越好，有时也可根据市场价格预期选择较小规格适时收获。不同销售途径其收获方法有所差别。

（1）作为冰鲜鱼运销的收获　大黄鱼的冰鲜鱼运销是指收获的大黄鱼以碎冰作为主要的保鲜措施进行运输和销售的方式。注意事项：①为保持大黄鱼原有的金黄体色，收获时间一般选择在傍晚天黑至黎明前。②收获前1～2天停止投喂，以便排出体内残饵与粪便，有利于保持运销鲜度。③刚起捕的大黄鱼宜先置于冰水中浸泡片刻，再用碎冰进行保鲜运输。用冰水预先浸泡可快速降温，麻痹鱼体，减少挣扎受伤，使鱼体分泌出更多的黄色素，因而鱼体体色更加金黄，同时可起到提高保鲜效果的作用（彩图37）。

（2）作为活鱼运销的收获与运输　大黄鱼作为活鱼销售，商品鱼价格较高，其技术要求也较高。大黄鱼的活鱼运销关键技术是保证活鱼运输的成活率。作为运输前的收获环节应注意：①应事先检查鱼体是否有应激反应症状，若发现则不宜立即起捕，应使用渔用复合维生素等营养强化数日，直至应激反应症状消失后才能起捕运输。②起捕前应停饵2～3天，可有效降低运输过程中鱼体排泄物等对运输水质的影响。③批量运输大黄鱼活鱼可采用提箱赶鱼进活

水船的办法；少量运输则可用盆、桶等工具带水捞取，以避免鱼体受伤而影响外观与成活率。此外，活鱼运输的方式也非常重要，以活水船运输为佳，且宜选择在风浪不大时运输。

二、围网养殖技术

（一）围网养殖的基本概念与典型结构

1. 基本概念

浅海围网养殖是指利用网衣、桩柱或浮球、绳索等建造的工程设施在浅海水域圈围形成一定的水面，用于养殖鱼类等水产经济动物的一种重要的养殖方式。

传统的海洋鱼类养殖一般包括围塘养殖、近岸网箱养殖、深水网箱养殖。浅海围网养殖（彩图 38D）因养殖空间上至海面、下至海底，甚至包括自然岸线，空间更大、环境更近自然、更具生态性，备受业内和水产行业主管部门重视，成为海洋设施养殖转型创新发展的热点模式，近年来发展迅速。

2. 典型结构

浅海围网养殖按设置区域可分为离岸式围网和连岸式围网；按结构形式可分为浮绳式围网和桩柱式围网（图 3-24、图 3-25）。

图 3-24　浮绳式围网结构
A. 离岸式　B. 连岸式

浮绳式围网一般由网衣和浮球及锚固系统组成，柔性大，具有

A

B

图 3-25 桩柱式围网结构
A. 离岸式 B. 连岸式

较好的抗风浪性能，但在抗流性能方面显得不足，且由于缺乏其他附属设施的依托，管理和维护极为不便，也不利于开发旅游休闲等附加功能，发展潜力有限。

桩柱式围网一般由网衣和桩柱等结构组成，网衣系缚于桩柱上。工程总造价虽然较高，但由于维护管理相对方便，且桩柱可作为休闲旅游的附加平台，提升潜在价值，因此近年来备受围网养殖企业的青睐，呈现快速发展的势头。

（二）围网的选址与设置

1. 适宜的海域条件

（1）底质条件 围网养殖对底质条件的选择没有太多的要求，沙质海底是理想的条件，但淤泥、岩礁海底的环境同样可以用于建造先进的围网养殖工程。对于浮绳式围网养殖，由于其抗流性能相对差一点，同时需要考虑锚定系统的建设要求，因此应优先选择在能避台风的港湾、坡度平缓的潮间带中低潮区建造围网。海区底质为沙质或泥沙，含沙量比较高的底质，要注意锚或桩打入后是否有足够的“抓”力。对于桩柱式围网养殖，泥沙底质条件更好，但淤泥或黏土底质同样可以用于建设围网养殖工程，但需要对海区进行地质勘测，根据地质勘测数据设计满足桩柱结构强度和抗风浪强度要求的围网桩柱工程。

（2）水深条件 对于内湾型的围网养殖，要求低潮平潮时水深最好不低于 5 米，实际应用时也有低潮水位小于 3 米的情况。对于开放海域或半开放海域的围网养殖，低潮水位最好大于 6 米，在工程技术允许的情况下，最好在 10 米以上。养殖海域的水深在施工技术可行和保障设施安全的前提下，水越深，越有利于提高养殖产品品质。

（3）动力环境条件　围网养殖选址要充分考虑海区的动力环境条件，全面评估养殖海域的风浪和水流条件，一般要求综合考虑养殖对象的行为特性，在养殖对象的耐受能力范围内，选择适宜的养殖海区。对水深较深的养殖海域，由于鱼类可以下潜海底躲避水面风浪，因此风浪影响相对较小。在有遮蔽或有天然缓流区（地形形成）的海域，对水流条件要求相对不高，但在开放无遮蔽、水流较为均匀的养殖海区，最大水流不应超过 1.0 米/秒，考虑围网建成后减流效应可达到 15%～20%，实际流速会下降至 0.8～0.85 米/秒，处于大黄鱼的探顶游泳耐流速度范围之内。

在上述原则前提下，围网养殖的动力环境条件选择主要取决于围网工程的抗风浪和抗流能力。

2. 海域环境及理化因子

养殖场地在洪汛期不能有大量的淡水流入，上游或周边要求无直接的工业、农业、生活污染源。水质要求较清澈，透明度在 30 厘米以上。应符合《无公害食品　海水养殖用水水质》（NY 5052—2001）标准，海水水温在 10～30℃，盐度在 10～32。

（三）围网的设置与安装

1. 内湾型围网的设置与安装

（1）围网的形状和面积　一般面积为 3 000～20 000 米^2，形状为接近正方形的矩形或圆形。一般情况下，围网面积越大，水体利用率越高，但对固定桩的强度要求也越高。围网一般采用 48 丝聚氯乙烯有结节网衣，网目 35 毫米左右。目前有的围网网衣采用铜合金制作，可有效防止污损生物附着，养殖过程基本不用对网衣进行清理就能保持海水的畅通，同时其防风浪能力也有所增强，但投入成本较高（图 3-26）。围网的高度比设置海区最高潮水位高 3 米左右。

图 3-26 围网网衣用铜合金编织

（2）围网的布设

①固定桩的设置。围网的固定桩可使用毛竹或玻璃钢、钢筋混凝土桩等。前者的强度可以适应面积 5 000 米^2 以内的围网，后者主要用于较大面积和水流较急水域的围网设置。固定桩竖直地插入滩地，共同围成围网的边沿。使用毛竹或玻璃钢的固定桩需通过在每根固定桩 1/4、1/2、3/4 的地方用绳索固定并相连，形成上、中、下三根固定索，同时在每根固定桩的上固定索处向围网外侧滩地设斜拉固定索（图 3-27）。

②围网的张布。围网张布于固定桩上，将网衣围成圆形，用沙袋压实底部网衣，通过打桩、吊绳、沉沙袋等方式把大围网沉入海底，围网的上端要高于当地最高潮水位 3 米以上。

2. 开放海域围网的设置与安装

（1）围网的形状和面积　开放海域围网的形状可以是圆形、多边形，也可以是长方形，如果是依托海湾进行围网设置的，可以是任意形状（彩图 39 至彩图 42）。

大黄鱼具有天然的洄游特性，在不饱和投喂的情况下，大黄鱼会主动巡游觅食。海域空间越大，大黄鱼觅食天然饵料的机会越多，因此在综合考虑工程投资与管理水平的前提下，围网养殖的面

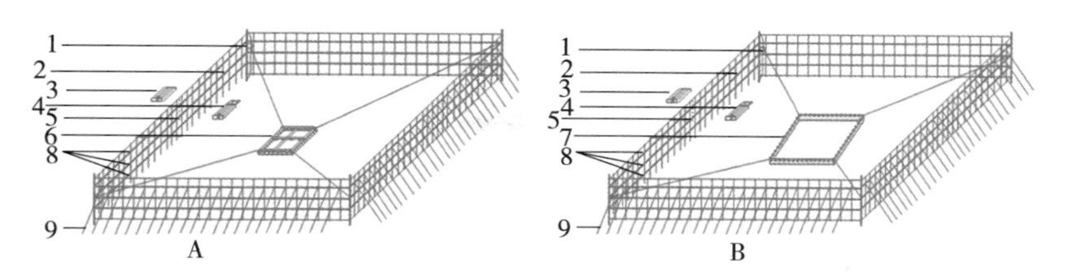

图 3-27 围网结构与安装示意图
A. 框架式投饵框围网 B. 浮绳式投饵框围网
1. 投饵框固定活扣 2. 固定桩 3. 交通船 4. 内操作台 5. 出入通道 6. 框架式投饵框 7. 浮绳式投饵框 8. 横向固定索 9. 斜拉固定索

积越大，越有利于大黄鱼品质的提升。

（2）围网的布设

①固定桩的设置。围网的桩柱是确保围网工程安全的核心所在，桩的安全是前提条件。开放海域的围网养殖工程的桩柱一般采用包塑钢管、预应力管桩，少数工程也有采用木桩或竹桩的。涉及连岸工程的，常常还需要采用嵌岩灌注桩（彩图 43）。包塑钢管或预应力管桩的桩径一般为 60～100 厘米，具体根据对桩柱的强度需求而定；桩长一般为 20～40 米，多数为 30～35 米，部分工程达到 50 米以上。桩长主要取决于所在养殖海域的水深和底质情况，一般底质以淤泥为主的，桩长要求较长，沙质海底或有沙砾层的海底，桩长要求较短，具体根据桩基工程的抗倾覆、抗弯和抗剪强度设计进行选择。

围网桩柱的纵向间距一般为 5～8 米，常用的为 6 米，具体要综合考虑桩柱的直径、网衣系统的布设要求，根据网衣系统的荷载强度设计要求而定。围网桩柱一般采用双排桩或三排桩结构，横向间距一般为 3～5 米，少数工程也有采用单排桩结构的，但仅适用于抗风浪要求相对较低的海域。

②网衣系统的布设。围网的网衣系统常采用金属铜合金网、超高分子量纤维网、聚乙烯网（PE 网）、龟甲网（PET 网），也有部分工程采用防腐处理后的金属铁丝网。网衣的布设有整体布设和分片布设两种模式。整体布设是指网衣系统连成一片完整的网衣，然

后系缚在桩柱上，底部设置铁链，嵌入海底泥层中，达到防逃要求。分片布设是指网衣系统设计成片状，具体根据桩柱之间的间距和高度进行设计，然后两侧系缚于桩柱上，安装时分片安装即可。分片布设具有安装难度小、更换方便的优点，灵活性要优于整体布设。

(四) 围网养殖配套设施

1. 管理房和饵料加工台

设置供养殖人员生活的海上管理房，管理房主要配备起居室、厨房、仓库等（图 3-28）。在围网附近需设置饵料加工台，面积 30～100 米^2，并配备饵料加工、储藏等设备。

图 3-28 围网设施管理房

2. 投饵框

投饵框的主要作用是在水面上围起一定面积的区域，避免因水流使浮性饵料流走，便于养殖鱼摄食，减少饵料流失造成的浪费。目前有两种投饵框：一种是框架式投饵框，它类似一个微型海上网箱，用浮球固定在一个由木板制成的“田”字形架子上，架子的大小依围网的大小而不同，一般为 10 米×10 米（图 3-27A）。投饵框的周围挂上一圈高 50 厘米的筛绢网，筛绢网上半部分露在水面上，下半部分浸泡在海水中，用来阻挡饵料流失。投饵框的 4 个角分别用绳子以活套套在围网四个角的“竖绳”上，使投饵框固定并能随潮汐涨落升降。另一种是浮绳式投饵框，它是在框架式投饵框的基础上改进而来的，以一条栓满浮子的尼龙绳替代框架，浮绳上张挂筛绢网作为拦网（图 3-27B）。浮绳上 4 个点拴上尼龙绳连接到围网 4 个角上，把浮绳张成矩形，与围网 4 个角也以活套形式相连。浮绳式投饵框制作成本较低。

3. 围网内操作台

围网四面封闭，只留一个“缝”作为进出的通道，船只无法直接驶进围网。要在围网内进行操作，还需在围网内专门设置一个操作台。操作台面积一般为 6 米×2 米，由浮球上绑定木制架子，架子上铺钉木板制成。操作台用活动绳索固定，可在围网内活动（图 3-29）。

图 3-29 围网内操作台

4. 防逃流刺网

围网面积较大，如出现破损漏洞逃鱼，发现较困难。为防止因围网破损而造成重大损失，在围网外沿潮流方向的两侧，距围网 3 米处各设置由单丝尼龙丝织成的三重流刺网。每天由管理人员将该网拉起检查，如发现有大规格大黄鱼被网捕获，则围网很可能出现了漏洞，要马上派人潜水检查网目破损情况，并及时采取修补措施。

（五）养殖与管理

1. 鱼种的投放

（1）鱼种的选择　鱼种要求规格在50克/尾以上，为缩短养殖周期最好投放150克/尾以上的大规格鱼种。投放的鱼种要求大小整齐，活力良好，无病无伤，无应激反应。

（2）投放季节和方法　鱼种投放一般在每年的4—6月或10—11月（彩图44）。4—6月一般投放前一年春苗养成的鱼种，规格为150～250克/尾，10—11月一般投放当年春苗培育的鱼种，规格平均为50克/尾。鱼种最好选择在附近海上网箱购买，减少运输造成的损伤。投放前要检查鱼的状态，若有应激反应症状，要采取强化培育措施，在饵料中添加渔用复合维生素，待应激反应症状消除后再投放。在投放之前，鱼种要停止投喂1～2天。鱼种的投放密度根据围网区水体交换情况而定，一般以35～40尾/米^{2}为宜。一般围网养殖周期较长，商品鱼的收获多采用轮捕上市，因而要根据具体情况补充投放不同规格的鱼种。

2. 养殖管理

（1）饲料驯化与投喂　鱼种经过运输，进入新环境后都会有不适应现象，鱼种投放后要驯化（主要是食性驯化）一段时间，这在大围网养殖大黄鱼中显得尤为重要。鱼种入池后的前2天不必投饵，从第3天开始饵料驯化。在饵料驯化阶段要定点（设置投饵台）、定时，并通过投饵信号训练，即在投饵前发出一固定信号，让鱼群形成条件反射。这个阶段分两步，第一步，每天投少量饵料吸引鱼种，使它们习惯集群索食，需一周时间；第二步，逐渐增加投饵量至适量，也需一周时间。经过驯化，鱼种每天在发出投饵信号后均能自然集群至投饵台摄食。

投喂的饲料可采用冰鲜小杂鱼和颗粒配合饲料等。平常以冰鲜小杂鱼为主，颗粒配合饲料多在夏季高温季节或冰鲜小杂鱼价格较高的时候使用，冰鲜小杂鱼在投喂前需经绞肉机两次绞拌而成黏性较强、可浮于水面的团状饲料后再投喂。每天早上或傍晚光线不太强烈的时候适于投饵，一天投喂一次，由于有天然饵料的补充，日投饵率比普通网箱养殖稍低，冰鲜饵料一般为3%～5%；越冬期间可隔天投喂一次，日投喂率小于1%。

（2）围网的维护　鱼种投放后，定期对围网的网衣破损情况和各种绳索固定情况做一次详细检查，若发现网衣有破洞或绳索松动等，要及时缝补与加固。根据附着（污损）生物的附着情况，清洗网衣。平时要多检查防逃流刺网上是否有逃逸的养殖鱼，若发现则可能出现围网破损，要及时组织人员进行修补。毛竹的固定桩在使用过程中经海水浸泡会有生物附着，容易老化，其强度会下降，需每年在旧桩处补充加入新的毛竹固定。

（3）日常管理　每天定时观测水温、相对密度、透明度与水流等理化因子；观察鱼的集群、摄食、病害与死亡情况；注意饵料的保鲜与质量安全，发现问题及时采取措施，每天记录养殖日志。

3. 鱼病防控

（1）围网养殖的特点决定了其“以防为主”的病害防治方针。围网的特点是养殖水体大，且全开放，泼洒、浸浴等给药方法无法实施，发病后治疗相对比较困难。为此，针对围网养殖的主要病害，要提前做好预防工作，诸如鱼种放入围网前要认真检疫和严格消毒。投饵台可经常用二氧化氯泼洒消毒。如发现寄生虫，可泼洒五倍子（要先磨碎后用开水浸泡）2～4毫克/升，连续泼洒3天；或每千克饲料拌三黄粉30～50克，连续投喂3～5天。在细菌性疾病的发病高峰期，定期在饵料中添加大蒜素0.1%～0.2%，连续投喂3～5天。

（2）保证饵料新鲜是围网养殖病害防控的重要环节。投喂冰鲜饲料时一定要保证饵料的新鲜度。变质的饵料宁愿销毁，也坚决不投；否则，容易引起养殖大黄鱼的发病，从而导致死亡，造成损失。

（3）重点做好危害性较大的内脏白点病防控。内脏白点病是大黄鱼越冬期间发生的死亡率很高的细菌性疾病，此时水温很低、大黄鱼不摄食，若发生该病就无法使用内服方法进行治疗。为此，要在越冬前或越冬早期，在该病流行期前提早投喂药饵予以预防。

4. 商品鱼的起捕

围网养殖大黄鱼一般养殖周期较长，达到较大规格后作为高端产品出售，一般规格越大价格就越高。根据养殖实际情况和订单销售要求，决定采用围网商品鱼的起捕方式（图 3-30）。小批量起捕可利用涨、退潮时大黄鱼顶流的特性在投饵框内用网捞取。起捕数量较大的，可采用拖网起捕的方式集中捕捞，并放入预先挂置在框架式投饵框中的网箱中，做进一步的挑选（彩图 45）。经过 2～3 年的轮捕，在围网内大多数大规格的鱼基本捕完后，可用拖网一次性把剩下的大黄鱼捕获出售。

图 3-30　围网养殖大黄鱼捕捞现场

5. 围网养殖商品鱼的品质

由于生活环境更接近天然，还有一定的天然饵料作为补充，围网养殖大黄鱼个体大、体形修长、体色金黄，风味鲜美，而且围网养殖大黄鱼基本不用药，深受高端水产品消费市场欢迎（彩图 46）。大规格的商品鱼其市场售价高达 200～400 元/千克，是普通养殖大黄鱼的 5～10 倍。经分析，围网养殖大黄鱼的粗蛋白质、总氨基酸、呈味氨基酸、鲜味氨基酸含量明显高于普通网箱养殖的大黄鱼，其必需氨基酸总量、非必需氨基酸总量亦高于普通网箱养殖的大黄鱼；其粗脂肪含量则显著低于普通网箱，这也说明围网养殖可作为提供高品质大黄鱼的一种可行途径。

三、大黄鱼池塘养殖技术

（一）养殖池塘条件

1. 水源条件

水源充足、交通便利、向阳迎风且排灌方便，无污染。海水水质清新，符合《渔业水质标准》(GB 11607—1989)、《无公害食品　海水养殖用水水质》（NY 5052—2001）标准。水温 10～30℃，相对密度 1.005～1.022，pH 7.8～8.4。

2. 场所选择

（1）建造池塘的场所要求交通便利，通水通电；底质以保水性好的泥沙质、沙泥质和软泥质为宜。

（2）池塘排灌方便，要求每逢潮汛的 15 天里有 12 天以上可在涨潮时开闸进水或可抽水进池，最好在最低潮时仍能进水。

（3）养殖池最好选择在有淡水源的地方，以便调节水质和盐度，有效防治常见的刺激隐核虫等寄生虫病害。

3. 池塘建造或改造

（1）池塘位于中潮区上部到高潮区下部，走向应与当地夏季季风方向平行。池堤坚固无洞穴、无漏洞；防浪主堤应有较强的抗风浪能力；堤高应高于当地历年最高潮位 1 米以上；堤顶宽度 2 米以上，以便运输。为便于排水捕鱼，池塘应以 1%左右的坡度向排水口方向倾斜。

（2）由于池塘靠近岸边，水交换少，夏天太阳曝晒，表层水温最高可达 32℃以上，但大黄鱼适养水温不能超过 30℃，因此要求养殖区日常保持 3 米以上水位，最好 4 米以上，排水后养殖区应保留 2 米以上水深。若池塘水深不足，用挖掘机在池中每隔 20 米左右挖出一条 20 米宽的深沟，沟的走向与进水口垂直，将挖出的泥堆在两侧，整平成埕，埕面与排水口底部平行，沟底距埕面 2 米，以使排完水后沟中仍能保留 2 米水位。两侧挖通，形成环沟。为防止大黄鱼受惊时跳跃至池子浅滩上而搁浅死亡，或发生进、排水时逃鱼，在池的浅滩及进、排水闸门口均用 20～40 目筛网围栏。

（3）池塘面积以 3～5 公顷较好，太小则相对成本较高，太大则不易管理。为预防池塘渗漏而引起水位下降，或小潮汛期间无法换水而引起水质恶化，要配备相应功率的抽水设备。

（二）鱼种放养前的准备

鱼种放养前的准备主要包括池塘清塘、消毒与培水等，其主要目的是清除敌害生物、病原菌和病原的中间宿主，以及为放养的鱼种培养丰富的基础饵料。

1. 池塘清塘、消毒

在放养鱼种前要对池堤进行全面清理，刨除杂草、堵塞漏洞、修整池壁。对池底要进行彻底的清塘与严格的消毒，尤其是上一季养殖过海水鱼的池塘。一般在大黄鱼收获后排干池水，清除过厚淤泥，曝晒塘底 10 天以上，并整修沟垄、塘埂、闸门。清淤整池后，可用 1 500 千克/公顷左右生石灰化水全池泼洒。再经过 7～10 天的曝晒，待消毒药物毒性降解后即可纳水。

2. 池塘培水

为了培育池塘饵料和调节水质，池塘消毒后进水不宜太深，一般进水 2 米左右。养殖过的池塘一般不需施基肥，经过生石灰的氧化分解作用，水体会释放出肥分，浮游植物吸收肥分繁殖，使池水呈黄绿色，透明度降到 80～100 厘米即可。若冬春季节透明度太大，可施用 30～50 千克/公顷的尿素，经 3～5 天透明度下降后即可投放鱼种。之后可根据实际情况继续加高至池塘最高水位。

（三）鱼种的放养

1. 鱼种质量要求

为避免养殖周期过长导致池底沉积物过多而引发病害，投放的鱼种规格应在 100 克/尾以上，且力求整齐，以便当年全部达到商品鱼规格。

2. 鱼种运输与消毒

鱼种的运输与消毒同“大黄鱼网箱养殖技术”。运输至池塘的鱼种在消毒的同时结合温度、盐度过渡后放养。

3. 放养密度

池塘养殖的鱼种放养密度与鱼种的规格、池塘的深浅及换水条件有关。密度太大会影响鱼的生长；密度太小会影响鱼的摄食且浪费资源。换水条件好的池塘，每公顷可放养 100 克/尾左右的鱼种 7 500 尾或 50 克/尾左右的鱼种 12 000 尾。有设置增氧机的池塘，放养密度可适当增加。为清理、利用下沉池底的残饵，促进大黄鱼抢食，增加养殖效益，可混养少量底层鱼、虾、蟹类等。鱼种在大潮汛时入池，待鱼适应 2 天后，以氟苯尼考拌饲料投喂，以免由于搬动鱼体产生应激反应而继发细菌感染。

（四）饲养与投喂

大黄鱼池塘养殖的饲养管理基本上同网箱养殖，不同之处简述如下：

1. 饲料种类

为防止饲料的溃散而影响池塘的水质与底质，冷冻鱼在解冻、洗净、沥干后以切成碎肉块投喂为好；若绞成肉糜，最好是添加一定比例的粉状配合饲料调成黏性强、含水分较少的团状饲料再投喂，以减少饲料流失对水质的影响。冰鲜料在运输、保存和加工过程中要注意保持鲜度。由于冰鲜料投喂对池塘水质影响较大，如果池塘换水条件不佳或处于养殖高温期，最好选用营养全面的人工配合颗粒饲料进行投喂。使用的配合饲料要符合《大黄鱼配合饲料》（GB/T 36206—2018）水产行业标准。在保证饲料的新鲜、多样性基础上，定期添加复合维生素、矿物质、多糖类、大蒜素等添加剂，以提高饲料转化率及增强鱼体的抗病力。

2. 投喂技术

（1）饲料的投喂量要根据鱼体大小、水质、水温等情况进行调整，一般配合饲料为鱼体重的1%～2%。

（2）一般每天在早晚各投喂1次。高温期间逢小潮汛换水困难时，每天可投喂1次，并适当减少饲料投喂量。投喂的速度要慢一些，若未见鱼群上浮抢食，或听不到水中摄食时发出的叫声，就不宜继续投喂，以鱼吃八分饱为宜。若因水质不好又无法进水时，也可以暂停投喂1～2天。

（3）为提高饲料效率，已配备增氧机的，投喂前后各开机1小时。

（4）此外，饲料投喂点应设置在靠近排水口附近，以便换水时及时排出残饵。使用浮性膨化配合饲料或鱼肉糜投喂，应在饲料投喂点设置投饵框。

（五）养殖日常管理

1. 水质管理

池塘的水质管理直接关系到大黄鱼池塘养殖的好坏。在池塘养殖过程中，往往因水质不良和池塘底质变坏而导致大黄鱼白点病，因此做好池塘水质管理是大黄鱼池塘养殖极其重要的环节。在池塘水质管理中应注意以下几点：

（1）池塘水色应保持绿色和微褐色。日常管理中要多观察池塘水色变化。

（2）鱼种饲养早期，由于鱼种规格小、饲料投喂少，每天换水1次，每次换水量20%～50%。随着鱼种的长大和饲料投喂量的增加，在养殖后期，可结合池塘水质情况，根据水色进行综合判断，每天换水1～2次，每次换水量50%～80%。

（3）高温季节，最好在下半夜换进水温较低的新水，并增加增氧机开机时间。

（4）大暴雨后池塘表层的相对密度下降明显，换水时，应先把表层淡水排出，待海区平潮前后再进水。

（5）为改善水质与防病，每隔15天左右在大潮汛进水前2小时，保留沟中2米水位，泼洒生石灰水1次，用量300千克/公顷。在水质不好且无法换水时不宜泼洒，以免增加氨的浓度和毒性。

（6）定期使用微生态制剂、底质改良剂进行水质调节和改善池塘底质。

（7）可适当混养青蟹等同大黄鱼所要求的生活条件相近，但属底层肉食性的品种。利用其清除沉底的残饵，甚至摄食病鱼和死鱼，可有效避免底质与水质的恶化。

2. 巡塘观测

要坚持每天早、中、晚巡塘，尤其是在高温季节，又逢小潮汛期间，换水困难时，要特别注意做好夜间巡塘工作。认真观察鱼的活动情况，发现问题要及时处理。若发现鱼已浮头，要及时进水增氧或开动增氧机。若发现病鱼、死鱼，或无特殊原因而摄食量明显下降的，要及时检查，并采取相应措施。每天要定时观测水温、相对密度、透明度、水位变化，观察鱼的集群摄食、病害情况；并定期检测池水的氨氮、pH、硫化物和溶解氧等指标变化，并做好详细记录。

（六）商品鱼的收获

池塘养殖的商品鱼收获要求基本同网箱，但不同的是，起捕前要停饵 2～3 天，且每天要大量换水。收获时，在池塘中设置数个网箱，根据客户需求，用饵料将鱼诱引到网箱内分批收获。当存鱼量少时，排水后拉网收获。为保持大黄鱼天然的金黄体色，商品鱼一般在夜间捕捞。若池塘养殖的大黄鱼在起捕时应激反应较强烈，则不宜活鱼运输，应投喂添加复合维生素的饲料数天，观察其具体情况再决定是否采取活鱼运输。

第四节　大黄鱼的营养需求与饲料

大黄鱼和其他鱼类一样，在生存、生长与繁衍后代的过程中都需要消耗营养物质。能为鱼类提供营养的物质统称为鱼类食物。其中，直接来自自然界、在原来栖息的水域中就可获得的鱼类食物一般称为饵料，如活、鲜、冰、冻的鱼、虾、蟹、贝等；人工利用天然的动物性与植物物性食物原料，经过调配与加工而成的鱼类食物一般称为饲料，如粉状饲料、颗粒饲料、软颗粒饲料、硬颗粒饲料、团状饲料、沉性颗粒饲料、浮性颗粒饲料等。鱼类从食物中获得包括蛋白质、脂肪、糖类、维生素、矿物质等营养物质，以及生存、生长与繁殖等生命活动所需的能量。这些物质和能量缺乏会影响鱼类的生存、生长与繁衍；过量也会对这些生命活动造成不利影响。

一、大黄鱼的营养需求

大黄鱼同其他各种鱼类一样，其营养与饲料成分研究都是从这种鱼的鱼体营养成分组成的研究开始的，以各营养成分对大黄鱼各生长阶段的影响确定其在饲料中的适宜添加量（表 3-8）。

表 3-8 福建宁德大黄鱼（野生）营养成分表

（中国预防医学科学院营养与食品卫生研究所，1991）

项目	含量	项目	含量
能量与营养成分		缬草氨酸 Val	0.62%
能量	364 千焦	丙氨酸 Ala	1.01%
蛋白质	17.4%	丝氨酸 Ser	0.65%
粗脂肪	2.2%	谷氨酸 Glu	1.96%
粗灰分	1.5%	甘氨酸 Gly	0.96%
水分	79.4%	胱氨酸 Cys	0.14%
氨基酸含量		酪氨酸 Tyr	0.48%
精氨酸 Arg	1.13%	天门冬氨酸 Asp	1.49%
组氨酸 His	0.38%	脯氨酸 Pro	0.76%
赖氨酸 Lys	1.44%	氨基酸总量 TAA	15.05%
亮氨酸 Leu	1.38%	必需氨基酸含量[①]	7.60%
异亮氨酸 Ile	0.79%	呈味氨基酸含量[②]	5.42%
甲硫蛋氨酸 Met	0.55%	脂肪酸组成	
苯丙氨酸 Phe	0.57%	C14：0	2.3%
苏氨酸 Thr	0.74%	C15：0	0.3%
色氨酸 Try	—	C16：0	29.6%

（续）

项目	含量	项目	含量
脂肪酸组成		钠	71.0 毫克/千克
C16：1	15.3%	钙	49 毫克/千克
C17：1	0.6%	镁	30 毫克/千克
C18：0	4.9%	铁	1.4 毫克/千克
C18：1	26.9%	锰	—
C18：2	1.0%	锌	0.70 毫克/千克
C18：3	1.0%	磷	190 毫克/千克
C20：0	0.1%	硒	25.78 毫克/千克
C20：4	1.5%	维生素	
C20：5	4.3%	维生素 A	17 微克/克
C22：0	0.4%	视黄醇当量	17 微克/克
C22：5	1.7%	硫胺素	0.03 微克/克
C22：6	9.1%	核黄素	0.11 微克/克
其他	1.0%	尼克酸	0.18 微克/克
矿物质		维生素 E	0.67 微克/克
钾	366 毫克/千克		

注：①必需氨基酸为精氨酸、组氨酸、赖氨酸、亮氨酸、异亮氨酸、甲硫蛋氨酸、苯丙氨酸、苏氨酸、色氨酸和缬草氨酸 10 种氨基酸含量之和。②呈味氨基酸为天门冬氨酸、谷氨酸、甘氨酸、丙氨酸 4 种氨基酸含量之和。

（一）大黄鱼对蛋白质及氨基酸的营养需求

蛋白质是鱼类生长和维持生命所必需的营养成分，不仅参与体内组织构成，也对许多生物活性物质如酶、激素和抗体的组成起着重要的作用，同时也是饲料成本中比例最大的成分。

在自然海区，大黄鱼从开口仔鱼起到稚鱼、幼鱼、成鱼，其适口的饵料依次为轮虫、甲壳类无节幼体、桡足类、磷虾、糠虾、莹虾、毛虾和其他上百种小杂鱼、虾、蟹等。在养殖条件下，除了投喂上述饵料外，还利用各种不同的蛋白源加工成配合饲料，这就涉及大黄鱼对各种不同蛋白源的适应性问题。大黄鱼对饲料蛋白质的需求量较高，其适宜需求量主要由蛋白质品质决定，同时也受到大黄鱼生长阶段、生理状况、养殖密度、养殖模式、环境因子（水温、盐度、溶解氧等）、水体中天然食物的含量、日投饲量、饲料中非蛋白质能量的数量等因素的影响（表 3-9）。

表 3-9　主要品牌大黄鱼饲料的蛋白质含量（%）

饲料种类	鱼苗阶段	鱼种阶段	养成阶段
福建天马饲料	47	45	40
福建海马饲料	50（47～53）	45	41
福州大昌盛饲料	47	45	40
广东海大饲料	47	42～45	40

（二）大黄鱼对脂肪及必需脂肪酸的营养需求

脂肪是鱼类所必需的营养物质，在鱼类生命代谢过程中既是能源也是必需脂肪酸的供给源，可以作为某些激素和维生素的合成材料；还是鱼类组成细胞的组分之一，并起到脂溶性维生素载体的作用。因此，脂肪是维持鱼类正常生长和发育的重要营养素。

饲料中的脂肪含量适宜，大黄鱼就能充分利用；饲料中脂肪含量不足或缺乏，大黄鱼摄取的饲料中蛋白质就会有一部分作为能量被消耗掉，饲料中的蛋白质利用率便下降，同时还可能发生脂溶性维生素和必需脂肪酸缺乏症，从而影响大黄鱼生长，造成饲料蛋白质浪费和饵料系数升高。然而饲料中脂肪含量过高时，短时间内可以促进大黄鱼的生长，降低饲料系数，但长期摄食高脂肪饲料会使大黄鱼代谢系统紊乱，增加体内脂肪含量，导致鱼体脂肪沉积过多，内脏尤其是肝脏脂肪过度聚集，产生脂肪肝，进而影响蛋白质的消化吸收并导致机体抗病力下降。此外，饲料的脂肪含量过高也不利于饲料的储藏和成型加工。因此，只有使用脂肪和蛋白质含量均适宜的饲料才能实现大黄鱼养殖的最佳效果。研究表明，影响大黄鱼饲料中脂肪营养需求的主要因素有鱼体大小、鱼的生理状态、脂肪源、饲料组成（特别是蛋白质、脂肪、碳水化合物三者含量之比）、水温、水体中饵料生物的种类与含量、摄食时间等。大黄鱼对脂肪有较高的消化率，尤其是低熔点脂肪，其消化率一般在90%以上。饲料所含的脂肪不能直接被鱼类吸收，必须经过消化酶分解为甘油和脂肪酸后，才能被吸收，它不仅是鱼类的能源物质，而且可作为脂溶性维生素 A、维生素 D、维生素 E、维生素 K 的载体，促进其输送与吸收。添加适量脂肪可节约蛋白质，增进鱼的食欲，提高饲料利用率，在生产上有更重要的意义。

脂肪易被氧化产生醛、酮等对大黄鱼有毒的物质，大黄鱼摄食脂肪氧化的配合饲料会产生厌食现象，饲料转化率降低，长期使用油脂已氧化变质的饲料则会使大黄鱼体色变淡，并产生“瘦背病”，增加死亡率。因此，在使用大黄鱼配合饲料时，应注意饲料保存的条件，尽量储存在避光、通风、干燥、阴凉处。平时应严格把关，不使用含变质脂肪的大黄鱼配合饲料。

（三）大黄鱼对维生素的营养需求

维生素是有机化合物，虽然不构成动物体的主要成分，也不提供能量，但它对维持动物体的代谢过程和生理机能有极重要的作用，在体内合成量很少，必须从饲料中摄入。大黄鱼对维生素需求量受发育阶段、饲料组成和品质、环境因素及营养素间的相互关系等影响，较难准确地测定。大黄鱼对维生素的需求量和缺乏症见表3-10，可供饲料配制时参考。

表 3-10 大黄鱼饲料中维生素需要量和缺乏症

（何志刚等，2010）

种类	需求量	缺乏症状
核黄素	6.23～6.92 毫克/千克	生长不良、晶状体混浊、畏光、体色苍白、尾鳍分叉鳃丝肿大苍白
泛酸	9.78～11.20 毫克/千克	体色灰白、体表损伤，无活力、贫血、死亡率高、生长不良、饲料转化率低、游泳不正常、易受惊
吡哆醇	3.26～3.40 毫克/千克	体色苍白、鳞片松散、嘴部腐烂和下颌断裂、鳃色变淡
叶酸	0.85～0.95 毫克/千克	体色灰白、鳞片脱落、腹鳍充血
生物素	0.039 毫克/千克	无
维生素 C	28.2～87.0 毫克/千克	无

（续）

种类	需求量	缺乏症状
维生素 A	1 865.7～3 433.0 国际单位/千克	死亡率高、生长缓慢，鳍基充血
维生素 D	426.5～2 388.9 国际单位/千克	鳃盖骨脆弱易碎，无其他明显症状
维生素 E	54.4～232.4 国际单位/千克	无

注：国际单位用于表示维生素效价。

（四）大黄鱼对矿物质的营养需求

鱼的正常生长需要矿物质，其主要功能包括骨骼形成、电子传递、酸碱平衡调节和渗透压调节。与大多数陆生动物不同，鱼不仅从饲料中摄取矿物质，而且能从体外水环境中吸收矿物质。镁、钠、钾、铁、锌、铜和硒通常从水中吸收可部分满足鱼类的营养需求，磷和硫大部分只能从饲料中吸收补充。

矿物质摄入不足常导致营养缺乏症，使大黄鱼的鱼肉品质和卖相都降低。饲料可利用磷水平显著影响大黄鱼生长性能；饲料中适量添加磷可显著提高大黄鱼的特定生长率；当以大黄鱼特定生长率、脊椎骨磷含量或鱼体磷含量为评价指标时，大黄鱼对配合饲料中可利用磷的需求量分别为0.70%、0.89%或0.91%。饲料中铁含量显著影响大黄鱼脊椎骨、肝脏和血清中铁的含量，而对全鱼中铁的含量影响不显著；以大黄鱼的特定生长率为评价指标，根据折线模型得出大黄鱼幼鱼配合饲料中铁的需求量为101.2毫克/千克。饲料锌含量显著影响大黄鱼脊椎骨、全鱼和血清中锌的含量，而对肝脏锌含量无显著影响；当以大黄鱼的特定生长率与骨骼锌含量为评价指标时，根据折线模型计算得出，大黄鱼对饲料中锌的需要量分别为59.6毫克/千克和84.6毫克/千克。

（五）大黄鱼对一些非营养性添加剂的需求

在饲料主要物质成分之外，添加一些非营养性添加剂可以帮助鱼类消化吸收、促进生长发育。张璐等（2006）研究显示，添加200毫克/千克植酸酶就能显著促进大黄鱼生长，添加适量的非淀粉多糖酶能显著提高胃和肠道中淀粉酶的活性，有助于大黄鱼更好地消化植物饲料中碳水化合物从而促进其生长。另外，添加植酸酶显著提高了大黄鱼鱼体灰分含量，这说明植酸酶能在一定程度上提高大黄鱼对矿物质（主要是磷）的生物利用率，减少排入水体的磷含量，降低水体富营养化风险。

免疫增强剂虽不是鱼类必需的营养素，但如果在饲料中适量添加免疫增强剂（如β-葡聚糖等），既能提高成活率，又能显著促进生长，同时可减少抗生素类药物的用量。Ai 等（2006）在大黄鱼饲料中分别添加0%、0.09%、0.18%的β-葡聚糖，发现添加0.09%实验组能够显著提高大黄鱼生长率和先天性免疫能力。张春晓等（2008）验证了在养殖网箱大黄鱼饲料中添加肽聚糖的生产效果，结果表明，饲料中添加适宜含量的肽聚糖可显著提高大黄鱼生长率和非特异性免疫力，肽聚糖可以作为安全高效的口服免疫增强剂应用于大黄鱼的实际生产中。

二、大黄鱼人工育苗的饵料系列

目前，在大黄鱼全人工养殖过程中，对天然饵料的依赖程度还较高。尤其在人工育苗阶段，褶皱臂尾轮虫、桡足类等天然饵料显示出特有的甚至不可替代的优势。天然饵料的主要优点是接近于大黄鱼原来所栖息水域的饵料环境，适口性好，但也存在受气象条件变化的制约，供应不稳定，活鲜饵料容易死亡与变质，运输保存困难等缺点。适口的活鲜饵料基本能满足大黄鱼各阶段的生长需要，但在集约化繁育与养殖条件下，也可能出现某种营养缺乏症而仍需给予补充。为此，天然饵料与配合饲料相结合才能发挥营养物质的最大效率。

根据大黄鱼人工育苗的饵料系列，涉及天然饵料的种类包括轮虫、卤虫无节幼体、桡足类三种，现分述如下：

（一）褶皱臂尾轮虫的规模化培养

在大黄鱼优势养殖区域的闽东沿海地区，用作大黄鱼等海水鱼人工育苗饵料的轮虫为褶皱臂尾轮虫（*Brachionus plicatilis*）。褶皱臂尾轮虫具有个体小、游动缓慢、便于仔鱼捕食，营养丰富、易于消化吸收，对环境适应性强、生长迅速、繁殖迅速，适合大规模和高密度人工培养等特点，是不可缺少的大黄鱼仔鱼阶段的适口饵料，是目前的人工配合微颗粒饲料或微胶囊饲料所无法替代的生物饵料。褶皱臂尾轮虫根据个体的大小不同通常被分为三种类型。一般把背甲长在 160 微米以下、宽 100～120 微米的成虫称为 S 型；把背甲长在 190 微米以上、宽 150 微米以上的成虫称为 L 型；个体大小介于这两者之间的称为 M 型。但是，培养水温的高低、培养饵料的种类和培养密度的大小均会导致褶皱臂尾轮虫形态大小和类型变异。根据实践，同一批褶皱臂尾轮虫，在高温条件下，投喂酵母饵料、高密度培养的轮虫个体均较小；而在低温条件下，投喂微藻饵料、低密度培养的轮虫个体均较大。在生产上可根据仔鱼的口径大小，设置并控制一定的培养条件，以培养出仔鱼适口的褶皱臂尾轮虫群体。褶皱臂尾轮虫能在温度和盐度相差很大的不同水域中生长，但适温范围在 23～28℃，在适温范围内，适当提高水温可促进轮虫的增殖。适宜的盐度范围在 15～25，在适盐范围内，适当降低盐度可加快轮虫的扩繁。而水温的突然明显下降或盐度突然明显提升将造成轮虫的活力下降，沉底死亡，或形成休眠卵，导致轮虫培养的失败。褶皱臂尾轮虫一般滤食 25 微米以下粒径的细菌、微藻、小型的原生动物和有机碎屑等，并具有嗜好有机物质的特性。

为保证大黄鱼等海水鱼类规模化人工育苗早期仔鱼的饵料供应，业界已开发褶皱臂尾轮虫的室内水泥池、室外大规格水泥池和土池的规模化培养技术。现将其培养及其病害防治技术要点分述如下：

1. 轮虫的室内水泥池培养

（1）培养用水泥池　培养轮虫的水泥池以容积 30～50 米^3、圆形或倒角的长方形、池深 1.5～2.0 米为宜。应有保温与通风自如的良好棚屋结构，光照度控制在 500～800 勒克斯。要求池底与池壁光洁，进水培养前应彻底洗刷，并先后分别用高浓度的漂白粉与高锰酸钾溶液消毒和干净海水冲洗。

（2）培养用水　使用的海水应经过24小时以上的暗沉淀、沙滤和300目筛绢网袋过滤入池。早春培养需用人工增温，使水温控制在23～28℃；秋季培养可使用常温海水，但晴好天气的白天应注意通风降温，夜间应注意保温，以保持培养水体的水温稳定。盐度可控制在15～25。

（3）轮虫接种　先接入600万～800万个/毫升密度的小球藻之类的微藻。若密度太小，不能满足接种轮虫的营养需求；若密度太大，反而会抑制轮虫的增殖。然后，把水温调至略高于接种轮虫原来水体的水温；把盐度调至略低于接种轮虫原来水体的盐度。用作接种的轮虫以微藻饵料培养、个体较大、抱卵率较高的为好。入池前应筛除大小杂质和桡足类、原生动物等敌害生物，并彻底清洗。接种轮虫的密度可根据供接种轮虫的数量与培养池的水体而定，一般以50～80个/毫升为宜。轮虫接入后应连续微充气，充气的作用，一是保证培养水体中有充足的氧；二是使投喂的酵母在水体中保持悬浮状态以供轮虫摄食，也减少酵母沉底腐败而污染水质。

（4）轮虫的饵料及其投喂　室内水泥池培养轮虫用面包酵母、微藻活体与小球藻浓缩液等结合投喂，以面包酵母为主，达到保证饵料供应与营养互补的目的。具体是，轮虫接种入池时以小球藻作为基础饵料，当小球藻密度明显降低、水色变浅时，开始投喂面包酵母。投喂前应用吸管检测池中的轮虫密度，并用显微镜检查轮虫的状态、活力、抱卵率及胃肠的饱满情况。每天的投喂量按每100万个S型或L型轮虫分别为0.8克或1.0克，分7～8次投喂。如果搭配小球藻浓缩液，面包酵母的用量便相应减少。每次投喂前，面包酵母装入300目筛绢过滤网袋中吸水化解后，用水洗出悬浊液，并进一步稀释后在培养池中均匀泼洒。面包酵母悬浊液应坚持随配随投、少量多次泼洒，其目的是保证酵母的活性，避免下沉池底而造成浪费与水质恶化。随着轮虫培养密度的加大，需加大水体体积，或是带水间收部分轮虫，并加入经调温的微藻水继续培养。实践表明，根据轮虫嗜食有机质的特性，每天或隔天在培养水体中泼洒 1 克/米^3 浓度、经充分发酵的小杂鱼虾浓缩液（俗称“鱼露”），对促进轮虫的生长、增殖效果显著。维生素 B_{12} 是轮虫增殖所必需的微量营养素，投喂面包酵母时应少量添加。

（5）轮虫的采收　当池中培养的轮虫密度达到 300～400 个/毫升时，就要考虑采收。一种采收轮虫的常见工具是用 250～300 目筛绢网片制成的高约 50 厘米、直径约 30 厘米的圆柱形收集网，收集网用绳线固定在略大于收集网规格的铁质或木质框架上，收集网框放置在直径与高均约 40 厘米的塑料桶里。采收轮虫时，用直径约 5 厘米的内衬钢丝的塑料软管，一端放入离底的培养池水中，另一端放入置于池外排水沟的收集网框中，利用落差把轮虫带水虹吸到收集网内；并不断地用清水冲洗收集网与轮虫，既可去除细小的原生动物等，又可避免收集网的网目堵塞。另一种更适应规模化采收的方法是预先准备一个长约 2 米、口部略大于 11 厘米直径的排水管的 300 目筛绢网轮虫收集长袋。采收时，打开培养池的排水口，让原来沉积在管口及其周边的残饵、轮虫尸体与其他污物排出 2～3 秒后，把轮虫收集长袋口部直接套在排水管上并捆紧，使池水流入收集长袋，轮虫便收集在袋中。待轮虫达到一定数量后，可暂时关闭排水口，换上新的收集袋，再打开排水口继续采收。采收来的轮虫按计划用于投喂鱼苗或重新接种扩繁。用于投喂鱼苗的轮虫要用 2 000 个/毫升浓度的微藻液或 100 亿个/毫升浓度的浓缩小球藻液进行 6 小时以上的二次营养强化，以增加轮虫的高度不饱和脂肪酸含量。

用于大黄鱼人工育苗的培养轮虫的采收方法主要有“一次采收法”和“间收法”两种，可根据大黄鱼育苗池投喂计划，轮虫培养池中轮虫的状态、达到的密度，以及水质状况而综合考虑、灵活掌握。所谓“一次采收法”，就是接入 50～80 个/毫升种轮虫，经过 5～10 天的培养，使轮虫达到 300～400 个/毫升的密度时，一次全部采收。所谓“间收法”，就是在培养的轮虫达到 300～400 个/毫

升的密度时，每隔1～3天，带水采收其中的15%～30%水体与轮虫，接着补回同样水体的微藻水或海水，然后继续投饵、充气、培养、采收。如果池底沉积物和原生动物不是太多，可间收30天以上，最后全部采收干净。

2. 轮虫的室外大规格水泥池培养

室外大规格水泥培养轮虫模式的特点是水体大，即使培养的轮虫密度不大，总的培养量还是很大的；可利用室外光照条件，通过施肥，为轮虫提供大量富含营养物质的微藻饵料，节省增温、酵母饵料等成本，培养的轮虫个体大、抱卵率高、营养丰富，不论作为接种还是直接投喂鱼苗，都是上乘之品。但最突出的缺点是水温条件受约于自然界的天气变化，无法人为调控，生产不稳定。

（1）培养用水泥池　培养轮虫的室外水泥池的容积在100～200米^3；池的形状以倒角的长方形为佳，以便于操作。池的走向与当地的主风向平行，可利用部分自然风使水体翻动与增氧。池底与池壁要光洁；池深2～3米，以深一些为佳，既有利于保持水温的稳定，又可增加轮虫的培养量。最好由多口水泥池组成，以便于相互间调节消毒水、微藻水与轮虫种的供应，保证生产的总体稳定。在池中设置一台1千瓦水车式增氧机或潜水泵，用于上下层水体交换、增氧和轮虫的采收。

（2）培养用水　培养轮虫的海水可以使用经沉淀、沙滤等处理过的清洁海水；也可以从海区直接抽进海水，但要用300克/米^{3}浓度的生石灰或30克/米^{3}浓度的漂白粉（有效氯含量为30%）化水遍洒消毒。池水盐度在15～25。

（3）施肥培养基础饵料与轮虫接种　在处理过的清洁海水，或消毒过5～7天、毒性降解后的海水中，施以5克/米^{3}尿素和2克/米^{3}的过磷酸钙，并接入部分小球藻等微藻种；再经过3～5天，待水色变浓、透明度降至近20厘米时，即可接入约10个/毫升的轮虫。上季培养过微藻和轮虫，目前仍蓄有池水的水泥池，可直接施肥培养微藻与轮虫，有条件的也可以补充部分微藻与轮虫种。

（4）日常的施肥、投饵与管理　为充分发挥室外水泥池的光照条件，培养轮虫的饵料以微藻为主。一方面，当轮虫培养池有水色变浅、透明度变大趋势时，就要及时施肥；要采取少量、勤施的办法，尤其是要抓住每一个晴天施肥，为轮虫的增殖持续提供充足的微藻饵料；另一方面，在数口室外水泥池中，安排1～2口专门用于培养高浓度的微藻，以保证对各轮虫培养池的微藻饵料供应。晴好天气时，每天在轮虫培养池中泼洒1克/毫升浓度经充分发酵的小杂鱼虾浓缩液，以促进轮虫的生长与增殖。当遇到多日阴雨天气、微藻饵料供应不足时，可适当投喂面包酵母或小球藻浓缩液。要每天检测轮虫密度，镜检轮虫活力、状态，以及抱卵率与肠胃饱满度情况。要适时开机搅拌水体以增氧。

（5）轮虫的采收　轮虫在接种后，经过8～10天的培养，当池中培养的轮虫密度约达到100个/毫升时，就可以用“间收法”采收。一可以打开排水口，用3米长的250目轮虫收集袋套在排水管上收取；二可以在轮虫培养池表层，对着潜水泵和水车式增氧机形成的水流张挂一张网口约1米^2、长约3米的200目轮虫收集网，每次在清晨开机采收2～3小时。采收的轮虫，若之前一直投喂微藻，就可以直接投喂给大黄鱼苗或用作接种扩繁；若采收之前主要投喂面包酵母，用于投喂鱼苗的轮虫要用2 000个/毫升的微藻液或100亿个细胞/毫升的浓缩小球藻液进行6小时以上的二次营养强化。

3. 轮虫的土池培养

土池培养轮虫的模式具有培养水体大，轮虫产量大；可以充分利用鱼虾养殖池底的微藻细胞、轮虫休眠卵，以及池底沉积的鱼虾残饵、粪便等作为微藻的肥料与轮虫的饵料；工艺简单，不需要许多配套设施设备，操作方便；培养的轮虫成本低、个体大，富含高度不饱和脂肪酸的优点。但也存在受天气变化影响大、敌害多等缺点。现将土池培养轮虫的技术要点简述如下：

（1）土池的要求　培养轮虫的土池应选择在海水供应方便，又有淡水水源的地方，以便在培养过程中调节池水的盐度为15～25。

利用淡季闲置的鱼虾养殖池更好。土池大小 1～20 亩[①]均可，但以 3～5 亩为好。最好以多口培养池为一组，以便相互调节池水、微藻水和轮虫种，做到分批培养、分期采收，保证均衡供应。池的形状以长方形为宜，池的长边最好与当地主风向平行。池深在1.5～2.5 米。要求培养池保水性好，池堤平整、无洞穴，池底平坦，底质以泥质或泥沙质为好。每口培养池配 1 台 1.5 千瓦的水车式增氧机。

（2）清池　当土池的春季水温升至 12℃以上或秋季水温降至 30℃以下时，排干池水，清理池堤、平整池底，并曝晒 5～7 天。然后注入海水 20～30 厘米深，用 400 克/米^3 浓度的生石灰或 40 克/米^{3}浓度的漂白粉（有效氯含量为 30%）化水遍洒消毒，若为沉积淤泥较多的原鱼虾养殖池，应对底泥充分搅拌。

（3）注水　培养池消毒 5～7 天，药性降解后，选择小潮汛海水较清澈时，分 3～4 次注水入池，每次加高池水深 20～30 厘米。首次注水后，使池水平均深达 0.5～0.6 米，将盐度调至 15～25。每次入池的海水应经 250 目或 300 目的筛绢网过滤，以防敌害生物入池。

（4）施肥　培养轮虫的基础饵料为微藻。清池、注水后即可施肥培养微藻。首先要施用由有机肥与无机肥相结合的基肥，包括经发酵的禽粪每亩 100 千克或小杂鱼虾每亩 20 千克，以及尿素和过磷酸钙每亩各 5 千克。若为沉积淤泥较多的原鱼虾养殖池，就不可施有机肥。若有可能，从邻近土池中抽进密度较大的微藻水，可加快微藻的扩繁速度。

（5）接种轮虫　在土池水温 12～13℃，施肥后 3～5 天，水色变绿、透明度降到 20 厘米以下时，即可接入 5 个/毫升以上的轮虫。培养轮虫的池水盐度与温度和接种轮虫的原来池水要尽量接近。若能从邻近土池中带水引种轮虫更好。原来培养过轮虫的土池淤泥中沉积有轮虫的休眠卵，即使不接种，其在以上人工培养条件

① 亩为非法定计量单位，1 亩=1/15 公顷。——编者注

下也会孵出并扩繁大量轮虫。池内微藻增殖到高峰并接种轮虫时，每天早晚应开机增氧。

（6）日常的施肥与管理　土池培养轮虫的饵料全靠微藻，非遇特殊情况，一般不投喂面包酵母等饵料。由于土池水体大，常靠临近土池间调节微藻水也很费事，而且耗能。为此，轮虫接种后，应立足本池，同池培养好微藻与轮虫。首先要保持池水中微藻的适宜密度，随时观察水色变化情况，采取少量、勤施办法，科学追肥，保证微藻增殖所需要的养分，进而使微藻常处于高密度状态，满足轮虫的饵料需求。当水色过浓、微藻密度过大时，应及时添加新的海水；当水色变浅时，应及时追肥，尤其是晴好天气。为促进轮虫的生长与增殖，可适量泼洒经充分发酵的小杂鱼虾浓缩液。要经常检测轮虫密度，镜检轮虫活力、状态，以及抱卵和肠胃饱满度情况。其次要搞好土池的水质管理。一方面，随着轮虫培养密度的增大和对微藻需求量的增加，需要加大水体；另一方面，池水的渗透与蒸发也需要补充水体。为此，土池在培养轮虫过程中要不断地添加新的海水。除了春季水位保持在 1.5 米左右外，其他季节都可保持在 2.0 米左右。此外，为了保持池水的盐度稳定，当连日降雨、池水盐度明显下降时，要在间收轮虫排去部分池水后，选择高潮前后从海区下层抽进盐度较高的海水；当久旱无雨、池水盐度明显上升时，要适当引进淡水予以调节。经常或适时地开动增氧机，促进上下水层的水体交换并保持一定的溶解氧。

（7）轮虫的采收　轮虫接种入池后，早春季节约 15 天，其他水温较高季节约 7 天，轮虫密度一般每毫升可达 60～80 个，这时应及时采收。采收土池培养的轮虫宜采用“多次间收法”。具体方法是，对着该土池的主风向和开动水车式增氧机（或潜水泵）形成的水流方向，安装一张由 250 目筛绢制作、网口上下边长度各为 2.5 米、左右两边长度各为 0.6 米、长度 6～7 米的浮动式张网，让水流带着轮虫不断地流向张网内，轮虫便被留在网内而被采收。褶皱臂尾轮虫具有喜弱光而于早晨与傍晚栖于水的上层的习性，但因下午水温较高，轮虫集中产卵时会排出大量黏性物质而悬浮在水体中，加上下午池水中的过饱和溶解氧在水泵或水车的机械快速搅动下产生大量泡沫而堵塞筛绢网的网眼，不但影响轮虫的收集效果，也影响轮虫的质量。因此采收轮虫的时间宜选择在清晨。也可以结合培养池换水采收或最后全池收光，用水泵把池水带轮虫抽入用 250 目筛绢做成的大网箱中过滤而采收轮虫。每天间收的轮虫量应视池内轮虫与微藻密度、增殖速度、水质变化等情况而定，一般占全池的 15%～30%。对采收的轮虫用经处理的干净海水进行反复冲洗后，可直接用于投喂鱼苗或室内外轮虫培养池的接种。

4. 轮虫培养过程中病、敌害的防治

褶皱臂尾轮虫是一类体宽在 100～200 微米的小型浮游动物；它所摄食的细菌、微藻、酵母、有机碎屑、小型原生动物是 25 微米以下的微小颗粒。在操作过程中很容易混进一些中型的敌害生物和其他大型敌害生物的受精卵、幼体，它们会对褶皱臂尾轮虫造成危害；水源的污染和培养过程中的水质管理不当也会造成轮虫培养的失败。轮虫培养实践中所遇到的病害及其防治问题简述如下：

（1）原生动物敌害的防治　包括游扑虫、尖鼻虫、变形虫等的大型原生动物，为轮虫的竞争性敌害生物，主要危害以投喂面包酵母为主的室内水泥池培养的轮虫。它们抢食轮虫的饵料，当它们大量繁殖时，刚泼下去的乳白色面包酵母悬浊液片刻间就会被它们食光而使水体又变成澄清状态，轮虫因饥饿而死亡；有的轮虫可被蚕食。防治方法：①做好水源、培养池的消毒；②入池的海水、微藻水要用 250 目以上筛绢网过滤；③接种轮虫要用洁净海水充分冲洗；④停止投喂酵母类饵料，注入高浓度微藻水，以抑制原生动物的繁殖；⑤当培养池中原生动物大量繁殖时，应考虑排光池水，重新消毒、接种。

（2）甲壳动物敌害的防治　主要有桡足类、枝角类等，它们中的一部分会抢食轮虫的饵料，为轮虫的竞争性敌害生物；另一部分属肉食性的种类会蚕食轮虫，为轮虫的食害性敌害生物。主要危害粗放型的土池培养的轮虫。防治方法：①彻底清池消毒；②入池的海水要用筛绢网过滤；③可全池泼洒 90%晶体敌百虫溶液，使其在池水中浓度达（1.0～1.2）$\times10^{-6}$。

（3）丝状藻类的防治　主要包括角毛藻、直链藻等硅藻类。室内外培养池的轮虫都会受到危害。该藻类由于个体大，轮虫无法摄食利用，对于室外培育池及光照度大的室内培育池，这些丝状藻类便在培养轮虫水体中疯长而形成优势群体，收集轮虫时，这些藻类以其丝状藻体糊住轮虫收集网的网眼而使轮虫无法收集。最终只好把整池培养水体排光，从而造成轮虫培养的失败。防治办法：①对培养用水、接种轮虫和投喂的浮游生物饵料要严格过滤、认真筛选，以杜绝丝状藻类的污染；②对于室内培养池，要调低光照度，抑制其繁殖；③经常向室内培养池投喂高浓度的微藻饵料，及时对室外培养池施肥，促进微藻饵料成为轮虫培养池中的优势种群来抑制丝状藻类的生长；④对已经大量繁殖丝状藻类的轮虫培养池，可用灯光诱捕方法采收轮虫。

（4）铁等金属离子污染的防治　铁等金属离子主要对以投喂面包酵母为主的室内轮虫培养池造成危害。其危害原理是，过滤海水的沙粒和增温管道、阀件有时带有大量的铁锈。当培养轮虫水体受到铁离子（Fe^{3+}）污染时，对投喂的酵母悬浊液的微粒会产生凝聚沉降作用。一方面面包酵母快速下沉，造成轮虫摄食不到酵母饵料，因饥饿而失去繁殖能力，以至沉底死亡；另一方面沉积池底的面包酵母腐败而引起水质恶化，最终导致轮虫培养失败。解决办法：①阻断铁离子污染源；②在培养水体中泼洒螯合物乙二胺四乙酸，即 EDTA［分子结构：$(HOOCCH_2)_2NCH_2CH_2N(CH_2COOH)_2$］，其可与金属离子发生螯合效应而消除金属离子。

（二）卤虫无节幼体的孵化与营养强化

卤虫产的卵有两种。一种为夏卵，卵膜薄，卵径为 0.15～0.28 毫米。夏卵产出后在育卵囊迅速发育为无节幼体孵出。另一种为冬卵。在大黄鱼仔鱼阶段孵化卤虫无节幼体时用的卤虫卵为休眠卵（亦称冬卵）。该卵具有很厚的外壳，正圆形，灰褐色，卵径为 0.20～0.32 毫米。初孵无节幼体体长 450～600 微米，体宽约

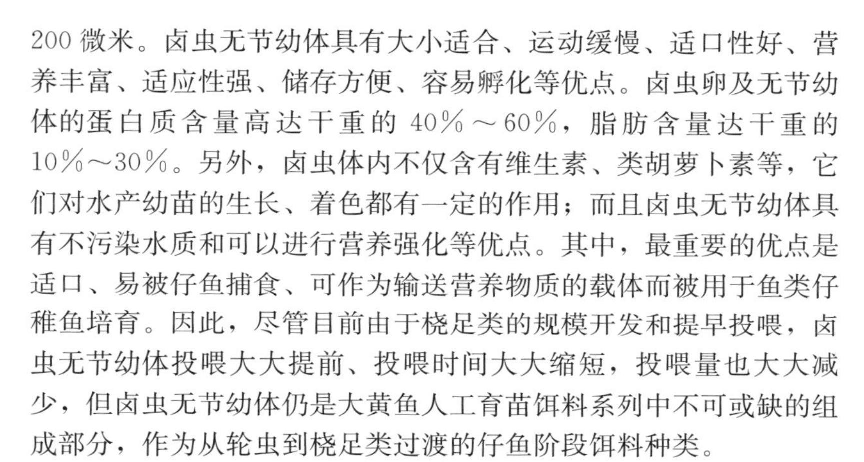

200微米。卤虫无节幼体具有大小适合、运动缓慢、适口性好、营养丰富、适应性强、储存方便、容易孵化等优点。卤虫卵及无节幼体的蛋白质含量高达干重的40%～60%，脂肪含量达干重的10%～30%。另外，卤虫体内不仅含有维生素、类胡萝卜素等，它们对水产幼苗的生长、着色都有一定的作用；而且卤虫无节幼体具有不污染水质和可以进行营养强化等优点。其中，最重要的优点是适口、易被仔鱼捕食、可作为输送营养物质的载体而被用于鱼类仔稚鱼培育。因此，尽管目前由于桡足类的规模开发和提早投喂，卤虫无节幼体投喂大大提前、投喂时间大大缩短，投喂量也大大减少，但卤虫无节幼体仍是大黄鱼人工育苗饵料系列中不可或缺的组成部分，作为从轮虫到桡足类过渡的仔鱼阶段饵料种类。

1. 卤虫无节幼体的孵化

（1）孵化容器　以底部呈漏斗形的圆筒状为佳，从底部中央连续充气，使从周边经斜底滑到桶底中央的卤虫休眠卵不断地被充气头的气流滚起到水面，这样使卵上下翻滚，保持悬浮状态而不致堆积，从而提高卤虫休眠卵孵化率。

（2）孵化条件

①孵化用水。除经沉淀、沙滤外，若条件许可，最好在使用前再次经过紫外线消毒，这种处理可以有效地减少水中的细菌群数，预防水质败坏。

②施用过氧化氢。不但可以激活卤虫休眠卵，还可以灭杀孵化水体中的细菌。有研究人员使用0.1～0.3毫升/升的过氧化氢，可使卤虫无节幼体的孵化率从30%～50%提高到70%～80%。

③溶解氧。要求在5毫克/升以上。

④孵化水温。在人工增温条件下，要求在25～30℃，自然水温可达35℃。若孵化水温太低，不但孵化时间长，孵化率也会降低。

⑤盐度。在自然海水基础上，再用粗盐把盐度调至60～70，既能提高孵化率，又能缩短孵化时间。

⑥光照度。卤虫休眠卵在海水中浸泡后，1 000勒克斯弱光的

照射即能激发其孵化。

⑦卤虫休眠卵消毒。卤虫卵在孵化前用二氧化氯等消毒剂进行表面消毒，可以有效地减少细菌量。

⑧卤虫休眠卵的冷冻处理。在孵化前经潮湿冷冻处理，可显著提高孵化率。

⑨保持适宜的孵化密度。漏斗形的圆筒状孵化容器的卤虫休眠卵孵化密度以 2～5 克/米^3 为宜。

2. 卤虫无节幼体与卵壳、坏卵的分离

若条件适宜，卤虫休眠卵可在 1～2 天内孵出无节幼体。这时无节幼体与卵壳及不能孵化的坏卵混在一起，若不经分离而直接用于投喂会产生严重后果。因为卵壳或坏卵被仔鱼吞食后，会引起肠梗阻甚至死亡；卵壳及坏卵还会污染育苗池的水质。为此，卤虫休眠卵孵化后应认真地将混在一起的卤虫无节幼体与卵壳、坏卵、有机碎屑等进行分离。一般使用光诱和重力原理制成的分离器（图 3-31）。先制作 1 个长方形的水槽，并分割成 3 个部分。中间为一不透光的方形水槽，其两侧为储存卤虫幼体的水槽。中间水槽两侧壁中下部有 1～2 厘米宽的横裂口 2～3 条，通过裂口中间的水槽与两侧水槽相通。裂口处设有隔板，两侧水槽上安装有光源。分离时，先在相通的 3 个水槽中加海水，关闭裂口隔板。把已孵化的卤虫无节幼体与卵壳、坏卵、有机碎屑从孵化器中用筛绢捞网捞出，放入中间水槽中，把裂口隔板打开，盖上盖子使中间水槽内成黑暗状态。然后打开光源，处在黑暗中的无节幼体因趋光而通过裂口跑到两侧水槽中，而坏卵和卵壳则留在中间水槽中，达到分离目的。一般每次分离 10～20 分钟，分离效果可达 90%以上。

3. 卤虫无节幼体的营养强化

大黄鱼仔稚鱼的发育与生长迫切需要 EPA 和 DHA 等 n-3 系列的高度不饱和脂肪酸（HUFA），缺少则会导致“异常胀鳔病”而引起批量死亡。卤虫无节幼体体内的这类营养物质很稀缺，无法满足大黄鱼仔稚鱼的营养需要。为了满足鱼苗对 HUFA 的需求，在投喂前就要以富含 HUFA 的鱼油经乳化后对卤虫无节幼体进行

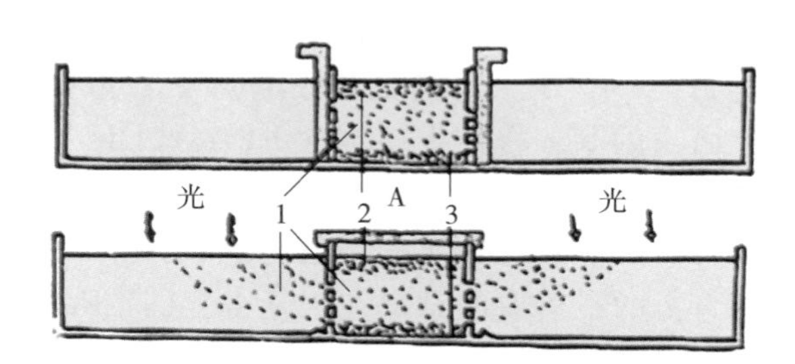

图 3-31 卤虫无节幼体同卵的分离器

A. 把已孵化的无节幼体、卵壳和坏卵放入中间水槽，裂口开关隔板未拔去的情况 B. 中间水槽加盖，拔去裂口开关隔板，打开光源，无节幼体通过裂口向两侧水槽运动的情况

1. 无节幼体 2. 卵壳 3. 不孵化的坏卵

营养强化。所谓“营养强化”，就是用人工方法，在特定的小水体中给卤虫无节幼体这个载体投喂营养物质，然后通过在育苗水体中的投喂而将营养物质转给仔稚鱼。给卤虫无节幼体营养强化的物质：①微藻；②添加 n-3HUFA 后的新鲜活体酵母；③富含 n-3HUFA 的乳化剂；④富含 n-3HUFA 的微囊饲料；⑤含有微藻粉、氨基酸、维生素、胆固醇和鱼油的微粒饲料；⑥富含花生四烯酸（AA）、EPA 与 DHA 的乙酯型鱼油。

但营养强化要在卤虫无节幼体开口时才有效；而卤虫无节幼体在无外源饵料摄入的情况下，随着个体的增大，营养价值在降低。因此，在卤虫营养价值能够满足仔稚鱼的需求时应投喂初孵无节幼虫，使其本身的营养得到充分发挥和利用。综合考虑，既要在无节幼体开口摄食鱼油一定时间后营养强化，又要控制无节幼体个体不要太大，自身营养价值不要太差，可选择卤虫无节幼体开口 6 小时、全长在 700～800 微米、体宽 190～200 微米时进行。

（三）桡足类的规模化开发

桡足类是一类小型甲壳动物，体长在 3 毫米以下，其无节幼体的大小在 100～400 微米，最小为 40 微米，是大黄鱼后期仔鱼和稚鱼（即鱼苗）的适口饵料。

据研究，桡足类一般的蛋白质含量占干重的40%～52%，高的种类可以达到70%～80%；其氨基酸组成与含量（如必需氨基酸含量）均比卤虫的高。桡足类还富含EPA和DHA等n-3系列的HUFA。此外，桡足类还含有维生素C、类胡萝卜素及蛋白酶、淀粉酶和酯酶等。其中，桡足类（尤其是无节幼体）对于大黄鱼等海水鱼类人工育苗的最重要的意义在于其富含的EPA和PHA是海水鱼类仔稚鱼的必需脂肪酸。如果缺乏这些脂肪酸，仔稚鱼就会发生“异常胀鳔病”而大批量死亡，甚至全部死亡。在20世纪80年代大黄鱼人工繁殖与育苗技术攻关期间，为了攻克这一技术难关，大黄鱼项目组开始研究和开发捕捞天然桡足类及其无节幼体作为大黄鱼鱼苗的饵料。20世纪90年代初，在大黄鱼养殖产业化过程中，捕捞桡足类的网具开始从小型的浮游生物网向大型的张网发展，研究人员开发了利用潮流规模化捕捞海区桡足类及其批量保活运输技术，优化了大黄鱼规模化人工育苗的饵料系列，大幅提高了大黄鱼规模化育苗的成活率，促进了大黄鱼养殖产业化进程。2000年后，又开发了各种模式的桡足类人工培养技术，保证了优质桡足类的稳定供应，并推动了其他海水鱼类苗种业的发展。

1. 海上桡足类的捕捞开发

根据育苗实践，每万尾约30日龄的大黄鱼鱼苗（稚鱼）每天需摄食湿重300～500克的桡足类及其幼体。为满足大批量育苗对桡足类的需求，1993年开始对三都湾内一些河口海域进行了桡足类分布情况的调查。调查表明，春季以小拟哲水蚤（*Paracalanus parvus*）、太平洋纺锤水蚤（*Acartia pacifica*）、拟长腹剑水蚤（*Oithona similis*）为优势种；秋季以驼背隆哲水蚤（*Acrocalanus gibber*）、强额拟哲水蚤（*Paracalanus crassirostris*）、厦门矮隆哲水蚤（*Bestiollna amoyensis*）为优势种。这些优势种多数都是以浮游植物和有机碎屑为食的哲水蚤，可以作为鱼苗的饵料；海淡水交混的河口海域是桡足类天然分布与捕捞的合适海域。

以往采集海域中的桡足类等浮游生物时，均采用船只拖曳浮游生物网（相当于中上层拖网）进行捕捞。这种捕捞法，一般一艘小

船只能挂一张浮游生物网；还要使用人力或机械动力让船往前行进而拖动浮游生物网，让网口滤水而捞取海水中的桡足类等浮游生物。因此，这种捞捕法既耗能，效率又很低。

而使用以缆绳固定在海底的桩、锚的桁位或渔排平台，一次可张挂多达上百张无翼张网，网口对着潮流，利用退潮或涨潮的潮流，使桡足类自动流入网囊中而被捕捞。人们可以根据需要定时拉网释放张网网囊中的桡足类。除了每逢或接近高平潮与低平潮的无流和潮流过小外，在其他只要有潮流的时间里，均可使用这种方法来捕捞桡足类。这种捞捕法节能、效率高，可适应规模化、产业化捕捞开发。现把无翼张网利用潮流规模化捕捞桡足类的技术要点简述如下：

（1）网具的制作　捕捞海区天然桡足类的网具称为无翼张网，由各种不同网目的筛绢网缝制而成（图 3-32）。各地的此类网具规格也是大同小异。

①张网的规格　要批量捕捞桡足类，张网的规格要尽量大，尤其是网口。但太大时不容易操作，且水流对张网的冲力太大，轻者会挤出进入网囊的桡足类肌肉而使桡足类成为空壳，无法保活；重者还会造成暴网事故。为此，在海上捕捞桡足类的张网规格要大小合适。经实践，以网口大小 5～8 米^2、网身长 15～25 米，网囊长 1.5～2.0 米为宜。

②张网网衣的网目大小　网衣的网目太小时，因其通透性差，对潮流的阻力太大而容易被胀破，且容易在网壁内形成回流而把已进网的桡足类又冲出网口。但如果网目太大，细小的桡足类及其幼体容易从网目间逃逸，或者被卡在网目中而死亡或破损。经试验，网衣从前往后的合适网目分别为 60 目和 80 目，网囊 120 目。

③张网中拦除杂物的设置　在海上捕捞桡足类作业时，常有漂浮的杂物和其他渔获物随着潮流进入张网内，这给释放网囊中桡足类的操作带来困难，也影响桡足类的纯度。为此，在张网网囊前缝上一张网目长 3 毫米的垃圾滤网，使大部分杂物无法进入网囊，从而保证捕获桡足类的纯净。

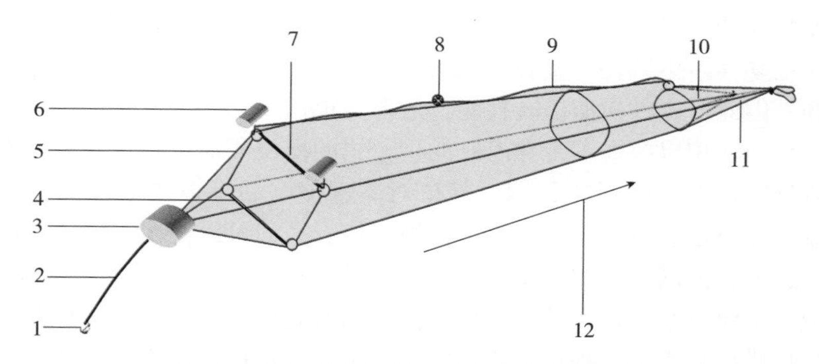

图 3-32 海上天然桡足类捕捞网具布设示意图

1. 桩（锚） 2. 桁绳 3. 浮筒规格 500 毫米×900 毫米 4. 下纲与镀锌管规格 50 毫米 5. 网绳 6. 浮筒规格 200 毫米×400 毫米 7. 上纲与毛竹规格 75 毫米 8. 小浮标规格 80 毫米×100 毫米 9. 引绳（30 丝） 10. 内套垃圾滤网 11. 桡足类收集囊网 12. 水流方向

（2）张网设置海区的选择 捕捞天然桡足类的张网桁位应选择海淡水交混、海水盐度较低、水质肥沃、有桡足类分布的河口海域；其潮流应为流向平直的往复流，漩涡流的海域不宜设置张网。设置张网海区的潮流流速过大，不但易使张网网衣被胀而破损，而且也易使进入网囊中的桡足类个体被挤破而死亡，甚至被挤出肌肉而只剩下桡足类肢壳。流速太小，张网的网口无法打开，也无法使网口对着潮流，甚至使整张网从尾部下沉而无法正常作业。据试验，设置张网海区的潮流流速在 0.2～2.0 米/秒较适宜。

（3）张网的安装与作业 经安装而投入作业的张网网口约为长宽比 2∶1 的长方形。两长边各为上下边。上边固定在一根用毛竹或浮木制成的横杆上，两端各系一个塑料浮筒，以加强上浮力；下边固定在用镀锌管制成的横杆上，以保持下沉力而使网口张开。从网口 4 个角绳耳引出 4 根等长的网绳汇接到一根固定于海底的桩、锚引出的桁绳上，或直接挂在诸如网箱鱼排的平台上。网口对着潮流而捕捞桡足类。在一个海区可同时张挂多张甚至上百张张网。

（4）根据流速调整网口形状与大小 在潮流湍急时，可视其湍急程度调整上下横杆之间的距离及网口的大小，以适应潮流对张网的冲力。如遇到潮流突然变大时，还可以临时用绳子收紧上下横杆间的距离来减小网口面积与潮流对张网的冲力；相反，当潮流太小、网口无法打开时，网口应及时调大。

（5）张网的日常管理　每次收网释放桡足类时，均要认真清洗张网上附着的淤泥、污物，保持网具良好的滤水和捕捞桡足类功能，避免流急时胀破张网。发现张网破损时要随手收网缝补。

（6）采收桡足类　在浙江、福建、广东沿海半日潮日期，有4次涨、退潮时，可用张网捕捞桡足类。平均每次退潮（或涨潮）时间间隔约6小时10分钟，扣除低平潮、高平潮的无流和近低平潮、近高平潮的低流速时段计约90分钟不能捞捕外，平均每潮汐可捕捞的时间约4小时40分钟。由于河口港湾受径流影响，退潮时间间隔比涨潮的长，为此，退潮可捕时间约5小时；涨潮可捕时间约4小时。在具体操作中，桩张网与锚张网及直接挂在平台上的张网又有所差别。

①桩张网的操作。由于每张张网是单独挂在固定于海底的一个桁位和一根桁绳上，桁绳及其连接的张网可随着潮流方向的改变而自动改变。只要有退潮或涨潮的潮流存在，张网网口就可以自动地一直对着潮流方向张开，让桡足类随着潮流顺利地通过网衣滤水而被捕获在网囊内。这样，一次挂网后，只要在退潮和涨潮的流速降至近0.2米/秒时，即可拉网采收桡足类，收好桡足类后再放回，不必在每次转换潮汐时重新下网。此外，若为提高桡足类的成活率或鲜度，可在退潮或涨潮的中间分别增加一次拉网。

②锚张网的操作。对着潮流把多只铁锚抛在海底，每只铁锚引出的桁绳连接1张无翼张网。使网口对着潮流，并靠潮流不断地让海水和其中的桡足类流进网内，海水被滤走，桡足类便被捕捞在网囊中。使用锚张网捕捞桡足类时，在涨潮或退潮起始时，都要用人工方法根据潮流方向重新抛锚、挂网。其操作的全过程：在退潮流速升到0.2米/秒时，对着退潮潮流抛锚、挂网采捕；在退潮流速降至近0.2米/秒前，即拉网采收桡足类、收上张网，起锚。同样，

在涨潮流速升到 0.2 米/秒时，再对着涨潮潮流重新抛锚、挂网采捕；在涨潮流速降至近 0.2 米/秒前，再拉网采收桡足类、收上张网，起锚。此外，若为提高桡足类的成活率或鲜度，也可以在退潮或涨潮的中间分别增加一次拉网。

③挂在平台上张网的操作。利用网箱渔排等海上平台张挂张网捕捞桡足类的操作方法类似锚张网。由于受平台布局影响，平台本身和挂在上面的张网均无法随潮流方向的改变而改变；一般在退潮流速升到 0.2 米/秒时，在平台上选择合适位置，网口对着退潮潮流开始挂网采捕，直到退潮流速降至近 0.2 米/秒前，拉网采收桡足类后收上张网；同样，在涨潮流速升到 0.2 米/秒时，再在平台上选择合适位置，网口对着涨潮潮流重新挂网采捕，直到涨潮流速降至近 0.2 米/秒前，再拉网采收桡足类，收上张网。

2. 利用土池规模化培养桡足类

规模化捕捞海上桡足类解决了大黄鱼等海水鱼鱼苗培育中的饵料与营养问题，大大提高了育苗成活率。海上捕捞的桡足类目前虽已成为大黄鱼等海水鱼类人工育苗中不可或缺的优质饵料，但由于海上捕捞作业常受大风、大浪及潮汐等影响，目前仍无法保证桡足类的稳定与及时供应。桡足类的供应一旦中断或推迟，将造成鱼苗互相蚕食或活力下降，直至饥饿死亡。其结果是，轻者明显降低育苗成活率，重者将造成鱼苗的全部死亡。另外，海上捕捞的桡足类常掺杂一些鱼苗不宜摄食的其他种类和杂质，给正常投喂带来麻烦。为了解决桡足类供应中的时效性、稳定性与质量问题，科研人员开发了海水土池规模化培养桡足类技术，可以稳定、及时地供应桡足类，并保证其质量。现把土池规模化培养桡足类技术要点简述如下：

（1）土池的选择　作为培养桡足类的土池应选择位于有淡水注入的河口地带或有淡水水源的地方。池水盐度在 7.30～20.30（在 20.0℃时相对密度为 1.005～1.015）、土池水深在 1～2 米，保水性好，池堤平整，无洞穴、无渗漏。

（2）清池　首先排干或抽干池水、露出池底，让太阳曝晒10～15 天；其次开闸流进或关闸抽进数厘米深的薄水；然后用 150～200 千克/亩的生石灰化水全池泼洒，并充分搅拌，以彻底杀灭池中存活的鱼虾蟹等敌害生物，并通过搅拌以促进沉在池底的鱼虾残饵与粪便等有机质充分氧化，析出肥分。

（3）蓄进海水　土池经生石灰 5～7 天的消毒，待毒性降解后，将网眼为 60 目的大滤网严实地布张在闸门口，再开闸蓄进海水；或使用水泵套着 60 目的大滤网往池塘抽水。把土池的水位加到 1 米深；若池塘可蓄水 1.5 米深以上，应先让其被太阳曝晒数日后再继续加高池水水位。

（4）施用基肥与追肥　根据土池底质的肥瘦情况，分别施用 5～25 千克/亩浓度的碳酸氢铵与过磷酸钙，或施用 1～5 千克/亩浓度的复合肥作为基肥。日常中也要根据水色变浅、透明度变大的情况，选择上述肥料作为追肥适时施用。施用基肥或追肥后，晴好天气约 7 天，阴天约 10 天，土池水色从淡褐色变成茶褐色，透明度约从 1.0 米以上降到 0.2 米；然后，当水色再次变为淡褐色，透明度又约升至 40 厘米时，即可采捕桡足类。

（5）土池培养桡足类的优点

①由于土池是在陆上，不管大风大浪，或是潮汐的涨与退，都可以照常培养与采捕桡足类，可实现按时、稳定供应。

②土池环境稳定，且可人工施肥、培育，数量与采捕时间可人为掌控，进而可实现计划供应。

③土池中培养的桡足类种类单一、纯净，杂质少，稍微冲洗即可投喂，省工省力、卫生安全。经鉴定，早春和秋季闽东土池中培养的桡足类及其幼体的种类几乎全部都是隶属于哲水蚤目、胸刺水蚤科、华哲水蚤属的细巧华哲水蚤（*Sinocalanus tenellus*）（图 3-33）；它属于沿岸河口种，在我国主要分布于山东南部至福建沿岸的海淡水交混区。桡足类及其幼体个体偏小，对于人工培育的大黄鱼等海水鱼仔、稚鱼阶段都很适口。

④培养桡足类的土池在港湾河口地带都可找到，不受其他地域

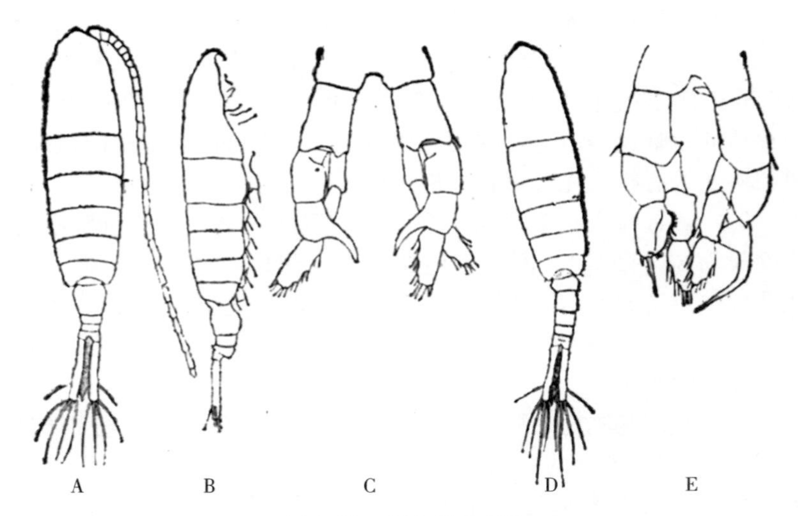

图 3-33　细巧华哲水蚤

（陈清潮，1964）

A. ♀背面观　B. ♀侧面观　C. ♀P_5　D. ♂背面观　E. ♂P_5

因素限制，可在育苗场附近就近选择，运输成本低、成活率高、质量好；即使作为冰鲜产品，鲜度也特别好。

⑤大黄鱼等海水鱼类人工育苗的旺季大多在2—3月的早春和9月之后的秋季，此时可以利用养殖对虾的冬闲土池来培养桡足类，并利用养虾残饵与粪便等作为培养桡足类的饵料与基肥，不但提高了土池的利用率，改善了土池的底质与水质，还生产了优质的桡足类，具有变害为利、变废为宝、循环利用、节能减排的深远意义。

（6）桡足类的采捕　在自然海域中以张网采捕桡足类靠潮流，而养殖土池中没有潮流；在土池中采捕桡足类也可以使用灯光诱集、人工捞取，或用机动小艇带动拖网而拖取等，但这些工序均很烦琐，要多人操作，费工费力，成本也高。有的采取开闸放水，在闸门口张网捞取，但此法会把土池里本可用于扩繁的残留桡足类、肥水和基础饵料全部排光，既浪费资源，又不利于连续培养与采捕。为此，科研人员开发了一种连续采捕海水土池中人工培养桡足类的方法（图 3-34）。现将其技术要点简述如下：

①网具的制作。制作网口宽 3.0 米、高 0.6 米，网身长 8.0 米，网目为 80 目，网囊长 4.0 米，网目为 150 目的无翼张网，网身与网囊交接处缝有一段 70 厘米长、网目为 40 目的垃圾滤网。整个网口捆在用直径 3 厘米的 PVC 管制成的 3.0 米（上下边）×0.6 米（左右边）方框上。

②网具的布设。在土池的中心位置垂直打下两根长于池深的镀锌管或木桩，两桩之间距离 3 米；把张网网口两个约 0.6 米的左右两边连同塑料管分别捆在两根桩上，并在土池水位升降时进行上下调节，使上边刚好露出土池水面约 10 厘米；网口对着土池的主风向。

③配置水车式增氧机组。在网口正前方约 4.0 米处安装一台 1.5 千瓦的双轮水车式增氧机组，增氧机组浮动平台上的 4 个垂直

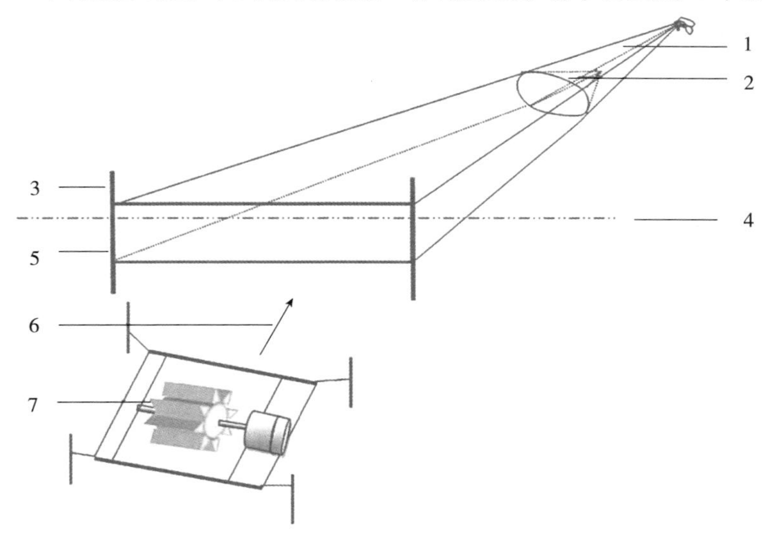

图 3-34 捕捞土池培养桡足类的网具布设示意图

1. 桡足类收集囊网 2. 内套垃圾滤网 3. 固定桩 4. 池塘水面 5. 塑料管方框直径 30 毫米 6. 水流方向 7. 增氧机

圆孔各穿上一根镀锌管固定在池底，并使增氧机组随水位的升降而升降。

④采捕作业。开动增氧机组在土池中形成流向张网的水流，水中的桡足类及其幼体不断地被滤在张网的网囊中，一般10～30亩的土池，每施肥一次可连续采捕桡足类10～15天，每天开机2～4小时，可采捕湿重8～15千克的纯净活体桡足类；100亩及其以上的大型池塘，只要适量采捕，留有桡足类，剩余群体用于扩繁，可每天采捕。该方法工序简单、单人就可以操作，省工、省力、省成本；还可以充分利用池塘中残留桡足类、肥水和基础饵料，保证其连续培养与采捕。

3. 桡足类的运输

捕自自然海区和土池人工培养的桡足类，从产地到大黄鱼育苗场都有一段距离，为了保证桡足类的活与鲜，要采取多、快、好、省的方法进行运输。

（1）桡足类的保活运输　活体桡足类具有营养价值高、不易污染水质等优点，是大黄鱼室内人工育苗生产中鱼苗的最佳饵料。为此，桡足类的保活运输也成为大黄鱼人工育苗中的重要技术环节。目前，桡足类保活运输主要有两种模式，现分述如下：

①专用车辆的桡足类保活运输　该专用车辆特别适用于3小时运程以内保活运输微小的桡足类等浮游饵料生物。它是根据23.52千瓦农用运输自卸拖拉机车斗的形状，制作一个以钢片加固的木质倒“凸”字形的运载水箱，容积约3米^3；箱顶面中央开有2个0.5米×0.5米的装海水与桡足类的入口，各配以两扇对开的密闭箱盖；在车斗的右前下方安装1个2.94千瓦的微型柴油机充气机组，用1条规格25毫米的进气管道，经箱顶面右前角的规格50毫米进气管口接入布于箱底的微孔充气管道，不断地向桡足类供氧；水中的废气由箱顶面左后角的规格50毫米排气管口溢出。在水箱后壁中央近底部开有1个规格75毫米的桡足类带水排放口，由1条1.5米长的波纹软管的排放口引管接出，引管的末端装有阀门，用于控制桡足类的带水排放。当大部分排出后，可启动拖拉机车斗倾

卸装置液压顶棒让桡足类带水全部倒出。该专用车辆结构紧凑、简单，车辆空间利用率高，保活运输的有效容积相对较大，最大运载量可达 300 千克，保温与供气性能好，操作便捷，运输成活率较高（图 3-35）。

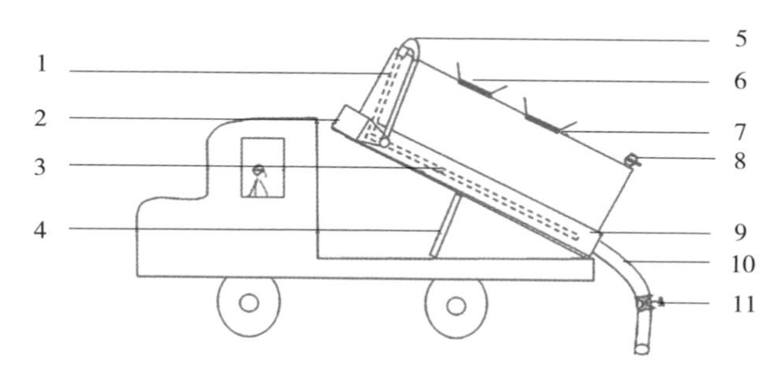

图 3-35 专用车辆的桡足类保活运输

1. 进气管道 2. 柴油机充气机组 3. 微孔充气管道
4. 倾卸装置液压顶棒 5. 进气管口 6. 海水与桡足类装卸口
7. 水箱 8. 排气管口 9. 拖拉机车斗
10. 排放口引管 11. 阀门

②厢式货车的桡足类保活运输。该运输模式是在货车车厢内摆满桶径 55 厘米、高 95 厘米（容积 0.226 米^3，装水量近 0.2 米^3）的圆柱形 PVC 或玻璃钢桶来保活运输桡足类。每桶最多可装 12 千克桡足类。“桶盖”是一块直径比桶口略小、刚好能放入桶中，高 10 厘米的饼状网框，网框内填入大块泡沫塑料。这种“桶盖”能浮在桶中水面上，起到消波作用。充气增氧系统可根据载重量的大小选择相应功率的柴油机和鼓风机，鼓风机接出的 PVC 管通入车厢顶部，分成两个分支分布在车厢顶部的两侧；每个分支再用三通管分出若干个出气口，每个出气口再分出数个更小的出气口用气石或微孔增氧管道通入各个桶中。每个三通管接出的出气口都装有开关，可用于调节出气量。这种保活运输模式与上述专用车辆相比优点是运载量大，载重 10 吨的中型货车最大运载量达 500 千克左右，速度快，能在高速公路上行驶，可适应较远距离的运输；缺点是运输成本较高，占用空间大，有效容积相对较小，充气管道多，可控

与保温性能差，操作较烦琐。

③运输过程中的水质管理。水温是影响桡足类活力和耗氧量的重要因素，水温的高低直接影响单位水体的桡足类运载量。水温在10℃或以下时，能达到较高的运载量。一般情况下，桡足类的运输过程中都要添加冰块来降低水温。秋季由于水温较高，除了加冰外，还需减少运输量来保证成活率。此外，相对密度也是影响桡足类成活率的重要因素，车载水的相对密度要调至与桡足类产地接近。土池培养桡足类的相对密度多在1.010左右，海区捕捞的桡足类则要根据海区和目的地育苗水体的相对密度情况进行调节。

（2）桡足类的保鲜运输　保活运输需带有大量的水体，桡足类运输量有限，运输成本较高。可将捕获的桡足类沥干后进行冰鲜运输。其方法是首先将沥干的桡足类按10千克/袋的规格包装在塑料袋中，然后按一层碎冰、一袋桡足类的方法装入泡沫塑料箱中，最后再铺一层冰。一般58厘米×40厘米×33厘米的泡沫塑料箱可放3袋（30千克）桡足类。最后用胶带将泡沫塑料箱密封，装车运输。这种冰鲜运输法的优点是运送量大，运送路程远，江苏产的桡足类可供应到闽东地区甚至更远；缺点是桡足类经加冰冷藏，尤其保存时间较长，营养价值明显降低，还容易滋生细菌，影响饵料质量。

三、大黄鱼的配合饲料

配合饲料是推进大黄鱼养殖规模化、集约化、标准化和产业化的物质基础，其质量决定了大黄鱼养殖效益和大黄鱼产品质量与安全。配合饲料不仅要能满足大黄鱼的营养需求和摄食习性，实现高效利用，更要实现对人类、大黄鱼和养殖环境的安全与友好，以推进大黄鱼养殖业的健康与可持续发展。目前我国已研发出大黄鱼系列配合饲料，并取得了初步的养殖效果。

配合饲料使用比例总体呈上升趋势。近年来，随着大黄鱼网箱养殖规模的不断扩大及大黄鱼配合饲料的逐步深入研究和推广，配合饲料的使用比例总体呈上升趋势。据粗略统计，2017年大黄鱼配合饲料的销量达到13万吨左右（包括代加工），涉足大黄鱼颗粒饲料生产的厂家估计超过70家，饲料品牌多达130多个，也涌现了健马（天马公司）、粤海、海马、恒兴、海大、鸿利、上上生物、天邦、高龙、农好、澳华等一批优秀品牌（图3-36、图3-37）。年销量5 000吨以上的厂家在10家左右，有不少厂家销量都在2 000～3 000吨。福建天马公司旗下品牌健马全年销量更是超过20 000吨，粤海、海马等饲料企业销量也达到10 000吨左右。单一品牌的市场占有率均不超过10%。从市场价格上看，高价位的大黄鱼配合饲料每吨超万元，低价位的每吨六七千元。配合饲料曾经大多在大黄鱼成鱼养殖阶段使用，随着不同生长阶段配合饲料的开发和饲料工艺的不断完善，目前大黄鱼养殖的各个阶段都不同程度地使用配合饲料。如在鱼苗阶段，曾经多以粉状饲料为主，现今投喂颗粒饲料较多。大黄鱼围网养殖曾经因养殖海域水流较急等原因一般不投喂颗粒配合饲料，目前围网设施已经创新改进，配合饲料也在围网养殖中得到应用，并取得一定的效果。

（一）大黄鱼配合饲料研发

1. 优质原料

饲料原料质量是大黄鱼配合饲料品质的基础。饲料原料质量是决定饲料产品质量的基础，只有用合格的原料方能生产出合格的饲料产品；只有合格的饲料产品才是饲养动物健康与快速生长的物质基础，因此各种原料应符合国家有关法律、法规及其相关标准的规定。筛选合适的原料应该考虑的基本要素有原料营养价值及营养成分的稳定性、安全性、新鲜度，原料的养殖效果，原料是否掺假，原料的加工特性，饲料配方效果，原料的价格性能比和市场供求的稳定性等。大黄鱼常用的饲料原料有优质鱼粉、膨化大豆、豆粕、酵母粉、虾粉、淀粉、面粉、海藻粉、鱼油、稳定型复合维生素及复合矿物质等。

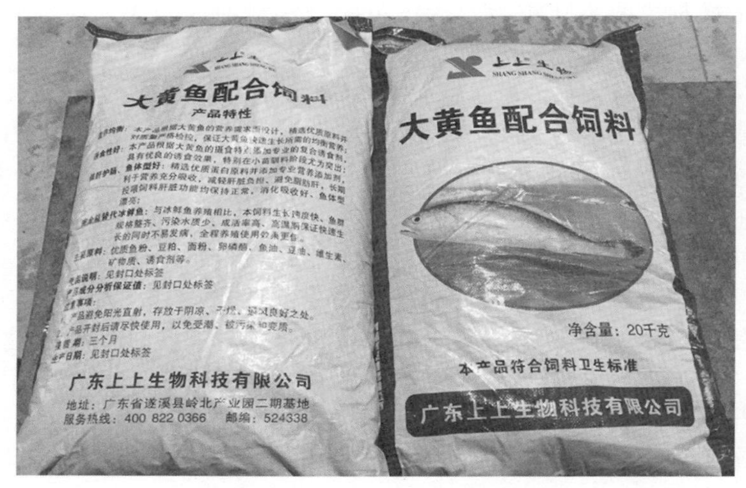

图 3-36　广东上上生物大黄鱼配合饲料

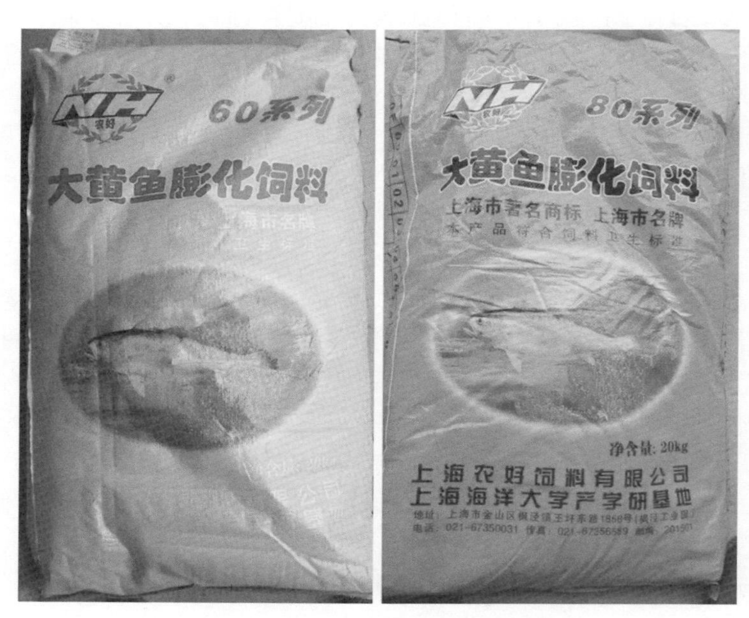

图 3-37　上海农好大黄鱼膨化饲料

2. 科学配方

大黄鱼饲料配方是研发其安全高效环境友好型配合饲料的关键。一个良好的大黄鱼配合饲料配方一方面要能满足大黄鱼消化生理的特点和营养需求；另一方面要充分考虑各种原料营养特性和加工工艺的要求。饲料配方应以大黄鱼营养标准为理论依据，灵活运用大黄鱼营养调控理论与技术，选择消化率高、适口性好、加工性能优良的饲料原料，编制营养平衡的系列饲料配方，以充分满足不同生长阶段、不同养殖模式、不同季节和不同养殖地区大黄鱼的营养需求，提高饲料利用率，降低营养物质排出率，增进养殖大黄鱼健康，预防疾病。现推荐 2 个生产配方（表 3-11）。

表 3-11 大黄鱼配合饲料参考配方

原料	大黄鱼浮性饲料	大黄鱼沉性饲料
鱼粉（%）	40～65	40～60
面粉（%）	20～25	10～15
饼粕（%）	5～20	5～25
玉米精蛋白（%）	1～5	1～5
鱼油（%）	2～4	2～5
啤酒酵母（%）	2～4	2～4
虾糠（%）	2～5	2～5
矿物质（%）	1～2	1～2
氯化胆碱（%）	0.2～0.5	0.2～0.5
海水鱼复合维生素（%）	0.2	0.2

3. 精细加工

制定科学的饲料加工工艺，实现大黄鱼配合饲料的耐水性好、饲料慢沉性、饲料中营养物质在水中的溶失率低、营养物质的利用率高、饲料系数低、营养物质的加工损失小等目标。一般大黄鱼配合饲料加工工艺如图 3-38 所示。

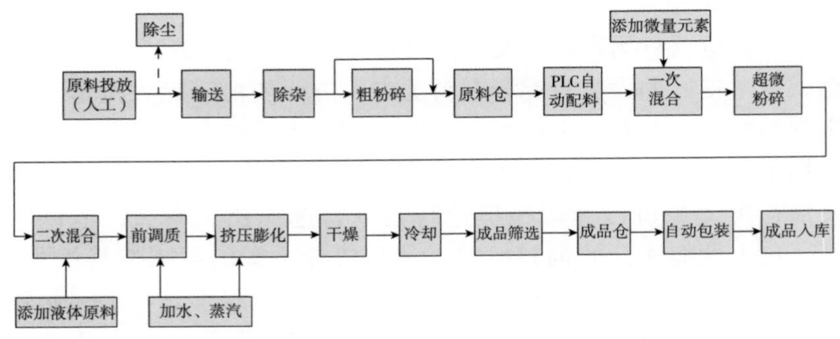

图 3-38　大黄鱼饲料加工技术路线图
（由福建天马饲料有限公司技术部提供）

根据大黄鱼的消化生理特点，大黄鱼配合饲料对原料粉碎的要求比较高，应采用超微粉碎工艺，稚鱼、幼鱼配合饲料原料 95%通过 100 目，成鱼配合饲料原料 95%通过 80 目。混合均匀与否对配合饲料质量影响显著，混合均匀度应从混合时间和预混料变异系数两方面综合考量，混合时间不宜过短也不宜过长，预混料变异系数要求小于 5%。调质质量也显著影响配合产品质量，应从调质温度、水分添加量、蒸汽质量和调质时间等方面考虑。由于大黄鱼对淀粉糊化度和耐水性要求高，需要有更强的调质措施，应对方法是在制粒后增加后熟化工序，即改变以往颗粒饲料制成后立即进入冷却器冷却的操作，而在制粒机与冷却器之间增加后熟化器，使颗粒饲料进一步保温完全熟化，可避免外熟内生现象，大大增加大黄鱼饲料利用率及水中稳定性。

（二）大黄鱼配合饲料质量评价

1. 大黄鱼配合饲料的安全质量

饲料的安全性关系到大黄鱼产品的安全性，进而影响人类的食品安全。大黄鱼配合饲料的安全质量评价应执行《饲料卫生标准》（GB 13078—2017）和《无公害食品　渔用配合饲料安全限量》（NY 5072—2002），依据 2009 年农业部公告第 1224 号《饲料添加剂安全使用规范》，结合企业实际建立完善的卫生标准操作规范（sanitation standard operation procedure，SSOP）管理体系，以规范和提高大黄鱼配合饲料生产卫生管理水平。大黄鱼配合饲料安全质量管理重点考虑如下几个方面：是否添加了违禁药物与添加剂；饲料原料中是否存在天然的有毒有害物质及其含量；所含的有害微生物及其代谢产物（如黄曲霉毒素）是否超标；饲料中的铅、汞、无机砷、镉、铬等重金属含量是否超标。

2. 大黄鱼配合饲料的营养质量评价标准

大黄鱼配合饲料营养质量的直观指标就是正常养殖生产条件下的养殖生产效果及其配合饲料养殖成本，饲料营养成分要均衡充足，要达到营养成分的平衡。首先就要对大黄鱼的营养成分需求量有一个全面和正确的了解。大黄鱼配合饲料营养价值具体从如下几方面考察：配合饲料营养成分含量是否达到大黄鱼营养标准，是否能满足大黄鱼各生长阶段的营养需求；是否能促进大黄鱼的生理健康；是否有助于提高养殖大黄鱼的免疫力、抗病力、抗应激力；饲料的诱食性和消化利用率如何；是否能满足不同的养殖模式、不同季节、不同养殖地区大黄鱼的营养需求等。

3. 大黄鱼配合饲料的加工质量评价标准

从颗粒大小、色泽、切口、表面、浮水率和沉降速度等方面来评价大黄鱼配合饲料的加工质量。优质的大黄鱼配合饲料的颗粒均匀、色泽均匀、切口整齐、膨化适度、耐水时间适中（大于 2 小时）、软化时间合适（15～30 分钟）、含粉率低、浮水率高。一般来说，饲料颜色不均匀与熟化和烘干过程相关；长短不一的饲料颗粒除影响大黄鱼饲料的整体外观外，也会导致饲料不能充分地被大黄鱼利用，造成浪费；外表毛糙不仅影响大黄鱼饲料的外观，而且还会导致饲料碎屑多而容易散失，同时也会影响饲料的浮水率或沉降速度。

建立大黄鱼配合饲料生产中的危害分析和关键控制点（hazard analysis and critical control point，HACCP）质量管理体系和良好操作规范（good manufacturing practice，GMP）管理模式，才能从根本上保证大黄鱼配合饲料的质量与安全。

(三)大黄鱼配合饲料的科学投喂

目前，大黄鱼配合饲料有3种形态，即颗粒饲料（普通和慢沉性）、浮性膨化饲料、湿颗粒饲料（又称软颗粒饲料）。颗粒饲料营养全面，但适口性差，在水中易溶失，若投喂过快则易于沉到网底造成浪费和水质污染。浮性膨化饲料既能避免营养流失和污染水质，又方便养殖者观察鱼摄食情况，但其入水易变形和流散，加工过程中有一定程度的营养损失，且价格也较高。湿颗粒饲料一般是用粉料加鱼浆或水按一定比例混合均匀，经绞肉机制成的水分含量在30%～40%的湿软饲料。湿颗粒饲料优点是适口性好；制作方便，仅需一台湿颗粒挤条机；不需加热、加压，饲料中营养成分特别是一些活性酶和维生素不受损失，能提高饲料利用率和饲用价值。其缺点是需当天投喂或冷冻保存，否则易被氧化或被微生物污染。投喂大黄鱼慢沉性饲料优于投喂冰鲜鱼和普通颗粒饲料，可提高大黄鱼的摄食性、成活率和生长速度（冯晓宇等，2006）。大黄鱼膨化饲料和湿颗粒饲料的对比养殖实验表明，投喂膨化饲料提高了大黄鱼的特定生长率，降低了饲料系数和养殖成本，比湿颗粒现场加工省工省时（丁雪燕等，2006）。此外，科技工作者还开发了大黄鱼苗种微粒子配合饲料，为大黄鱼规模化人工育苗提供了有力的物质保障。

只有建立了科学的投喂技术体系才能取得好的配合饲料养殖效果。科学投喂应以大黄鱼不同阶段的摄食习性、营养能量学、营养需求等研究成果为依据，探讨最佳的投饲量及投饲策略，同时大力研究和推广应用先进的饲料投喂技术。

1. 确定适宜的投喂量

根据网箱中大黄鱼规格及数量，参考投喂率参考表推算投饵量，再根据天气、水温、水质、饵料台观察情况、大黄鱼鱼体状况及活动情况等予以适当调整（表3-12）。

适宜的投喂量对大黄鱼健康养殖极为重要。投喂量不足则会造成大黄鱼处于饥饿状态，导致大黄鱼不生长或生长缓慢；此外，投喂不足也会造成大黄鱼抢食，导致大鱼吃食多，小鱼吃不到食物，鱼体大小差异明显。而投喂过量，一是造成饲料浪费，饲料利用率下降；二是过剩的饲料会败坏水质，增加水中有机物的含量，促进藻类大量繁殖，严重时导致“泛塘”事故。饲料投喂不足或过量均会引起饲料系数升高，使养殖成本提高，且容易发生疾病。

表 3-12 大黄鱼配合饲料投喂率参考表

项目	稚鱼配合饲料	幼鱼配合饲料	中成鱼配合饲料
大黄鱼体重（克）	0.2～10	11～150	≥151
日投饵率（占鱼体重的百分比，%）	4～6	2～4	1～3

2. 提高大黄鱼配合饲料投喂效果的措施

众所周知，饲料成本占大黄鱼养殖成本的55%～65%。因此，从提高饲料利用率方面来降低大黄鱼养殖成本尤为重要。提高大黄鱼配合饲料的投喂效果应采取如下措施：

（1）选择优质的大黄鱼苗种，以提高饲料效率　选择优质的大黄鱼苗种养殖，同时保持网箱中适宜的养殖密度是提高饲料效率的有效措施。

（2）选择优质的配合饲料　优质大黄鱼配合饲料应既能全面保证大黄鱼的营养需要，颗粒大小适合大黄鱼摄食，又能提高大黄鱼的抗病能力。选购大黄鱼配合饲料时，要求生产该饲料的厂家要讲信誉、重质量，饲料营养指标、粒径大小要符合不同阶段大黄鱼的要求，饲料的饵料系数低、价格合理且环境友好。

（3）选择有利的养殖海区，并营造良好的养殖环境　在适宜的养殖海区设置网箱，水流适中，既要避免水流过急使鱼大量消耗能量，又要保证水流畅通、保持水中有充足的溶解氧，使大黄鱼生活在舒适的环境中，以提高配合饲料转化效率。其中最为重要的是保持水体中有较高的溶解氧，以提高饲料转化效率。此外，大黄鱼对声响十分敏感，震动声、撞击声、走动声都可使其受惊而停止摄食，因此养殖区应远离航道。

（4）遵循“四定”“四看”的投喂原则　“四定”是指定质、定量、定时、定位。定质：配合饲料要做到营养全面、稳定、新鲜、无变质发霉、安全卫生。定量：每次投喂时要以投喂率来确定投喂量，并根据摄食时间（半小时内摄食完为宜）来调整投喂量。定时：每次投喂的时间较为确定，一般是尽量采取少量多次的投喂的方式。定位：在大黄鱼网箱中最好设固定食台。“四看”是指看水质，看水温，看天气与季节，看大黄鱼的摄食、生长和活动情况。

投喂时要耐心细致。在投喂时，应尽量做到饲料投到水中能很快被大黄鱼摄食。以人工手撒投喂时，切勿把饲料一次性投到水里。这样会造成饲料沉底或溶失，从而降低饲料利用率。每次投喂开始前，划动网箱中水面，形成条件反射，使大黄鱼鱼群上浮摄食，待大黄鱼大群集中到投喂点时，快速投饲。投喂颗粒饲料的频率必须要考虑到有些大黄鱼能在水面吃到，而另一些大黄鱼也能在底部吃到。同时，为使体弱的大黄鱼也能吃到饲料，撒料面积要适当扩大，在网箱四周补投少量饲料；每次投喂 30 分钟左右，让大黄鱼达到 80%饱食即可。尽量避免过量投喂。

（5）适当饥饿　采取适当饥饿的技术措施有利于提高饲料效率及大黄鱼的健康。适当饥饿不仅可以提高食欲、刺激消化机能，还可以提高大黄鱼机体免疫力，促进大黄鱼运动、清理肠胃、动用肝脏营养，减少脂肪肝的发生，同时还可以增强大黄鱼索饵能力，使其充分利用天然饵料，节约饲料、降低污染，降低养殖成本。

（6）做好日常管理　做好日常管理是提高饲料效率的有效措施，应引起养殖者足够的重视，尤其在每年的 5—10 月大黄鱼生长旺季要切实加强管理：①及时筛选分养，既保持网箱中养殖大黄鱼的合理密度，又保持养殖个体大小较为均匀，促进鱼体均匀生长。②加强巡逻、检查，防止网破逃鱼事故发生；同时，做好防病工作，及时捞掉病鱼、死鱼，防止鱼病传染。③及时更换、清洗网箱，保持网箱清洁，保证水体交换自如、畅通，保证水体富含溶解氧，提高饲料效率。④大网箱比小网箱更有利于大黄鱼摄食生长，尽量使用大网箱养殖。

第五节 大黄鱼的主要疾病及其防控

一、大黄鱼疾病种类及诊断方法

（一）大黄鱼疾病的种类

大黄鱼的疾病可以分为两大类：一类是由生物性因素（如病原微生物感染等）引起的疾病，这是导致养殖发病的主要外部因素。另一类是非生物性因素引起的大黄鱼疾病，如极端的环境条件（低温、缺氧等）、变质的饲料等，均能促使大黄鱼短期大批死亡。这类非生物性因素导致的疾病一般没有宿主特异性，严格按照大黄鱼养殖规范开展养殖可在一定程度上避免该类疾病的发生。

（二）大黄鱼生物因素疾病常见诊断方法

大黄鱼生物性疾病的病原包括寄生虫、细菌和病毒三大类。这三类病原在形态结构、感染机理及感染大黄鱼后产生的临床症状和防治方法等方面存在明显差异。基于上述差异，大黄鱼疾病的几种常见诊断方法包括临床症状诊断法、组织病理变化鉴定法、显微观察法、分子检测法和免疫检测方法。

1. 临床症状诊断法

不同病原感染的大黄鱼通常会出现不同的临床症状，有些症状还非常典型，成为判断某一类别病原感染的依据。例如，因为病原微生物感染的组织或寄生的部位不同，对鱼体不同组织的破坏程度不同，寄生皮肤表面的寄生虫通常会造成皮肤溃烂，侵染神经系统的病原会造成典型的神经症状。

2. 组织病理变化鉴定法

被病原感染的组织细胞通常会发生明显的病理变化。不同病原感染大黄鱼的组织不同，特定组织的典型病理变化可以作为诊断病原感染的一个重要依据。此外，不同病原在组织细胞内的复制位置也有明显差别，病毒在细胞质或细胞核内增殖，多数种类的寄生虫在细胞外增殖，通过观察病原的分布特点，结合组织细胞的病理变化，可以诊断病原感染情况。

3. 显微观察法

利用显微镜直接观察病原的大小和形态结构，是疾病诊断最直接的方法。不同种类病原的大小和形态结构通常差别明显。经特殊染料、荧光标记的特异性抗体等处理后的病原在显微镜下辨识度进一步增加，根据疑似病原的大小和形态结构对病原的类型做出初步判断，是目前实验室对病原诊断的最为常见的手段。

4. 分子检测法

不同种类病原含有不同的遗传物质——核酸，基于病原特有的核酸序列，利用核酸片段扩增技术（如 PCR 技术等）、核酸染色和测序技术，能从病原感染组织中鉴定出其是否含有特定病原，并且能对组织中病原含量高低进行定量，依此可以确定病原感染或携带情况。目前以 PCR 为基础的核酸扩增技术已成为病原快速检测和疾病诊断的主要手段。

5. 免疫检测方法

利用病原感染过程中产生的特异性抗体等作为病原感染的依据，能判断是否存在特种病原感染。产生的抗体与多种显色技术相结合，形成了当前应用广泛的免疫诊断技术，如免疫胶体金技术、免疫荧光技术及酶联免疫吸附技术等。由于大黄鱼属于低等脊椎动物，病原感染过程中产生的抗体水平相对较低，目前在大黄鱼疾病诊断方法中，免疫技术使用较少。

二、大黄鱼生物性疾病及防控措施

（一）寄生虫疾病及防控方法

在大黄鱼的养殖生产中发现，多种寄生虫疾病对大黄鱼养成危害严重，主要包括刺激隐核虫病、淀粉卵甲藻病、本尼登虫病及瓣体虫病等。

1. 刺激隐核虫病

大黄鱼刺激隐核虫病又称海水小瓜虫病，因鱼体寄生刺激隐核虫而引发疾病。感染刺激隐核虫的大黄鱼体表常出现白点症状，故又称白点病（彩图47）。该病防治难度大，是危害大黄鱼健康养殖最为严重的寄生虫病。

（1）病原与症状　病原为刺激隐核虫，其生活史分为营养体期、包囊期和纤毛幼虫期。营养体期（又称滋养体期或寄生期）虫体主要寄生于鱼体的皮肤和鳃丝上皮组织细胞间，从细胞和组织液中汲取营养；营养体成熟后脱落进入水体，遇到合适的位置便停留下来，发育成包囊；包囊内细胞经多次分裂形成纤毛幼虫，随后释放到水体中；进入水体的纤毛幼虫遇到合适的宿主便寄生于宿主体内（图3-39）。患病大黄鱼的鳃、体表和鳍条上多有虫体寄生。

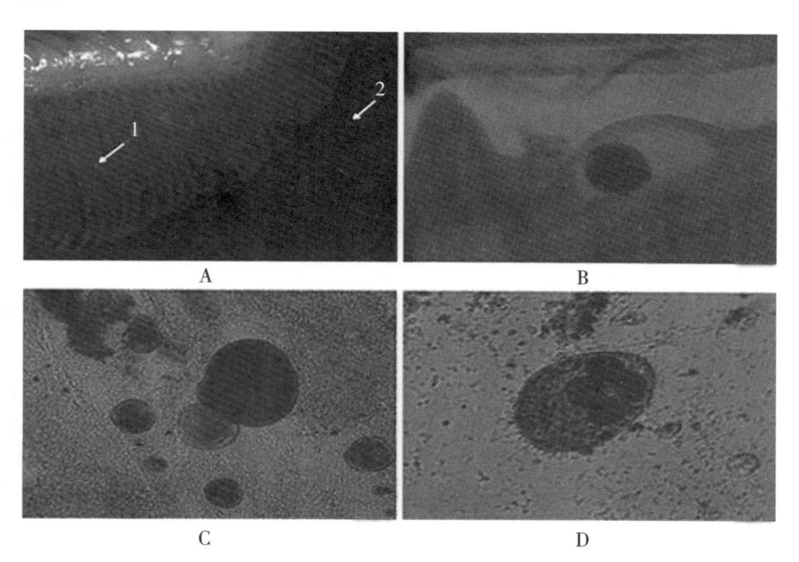

图3-39　刺激隐核虫的滋养体（池洪树等，2014）

A. 感染鱼的鳃片，1、2为滋养体　B. 低倍镜下鳃丝内的滋养体

C. 体表黏液中滋养体　D. 滋养体的瑞氏染色

患病初期，病鱼的主要症状为摄食量减少，游动迟缓，但时而飞速游动，并且时常蹭擦养殖池壁或网箱网衣，表现出焦躁不安的状态。患病中后期，病鱼的鳃和皮肤上出现的小白点愈加明显，体表开始发炎溃疡，鳍条缺损、开叉，鳃丝、体表分泌大量黏液。

（2）流行与危害　网箱、室内水泥池及土池养殖的大黄鱼等海水鱼从鱼苗到亲鱼均会发生刺激隐核虫病，发病率一般为30%～50%，局部的网箱密集区可高达90%以上。全年有两个高发期：一是在5—6月的春夏之交，水温为21～25℃时；水温处于27℃以上一段时间后，症状会逐步缓解。二是在10—11月的秋季，水温约降至25℃以下时会再次暴发。但由于目前病情加重，大黄鱼刺激隐核虫病流行时间有向两端延伸的趋势，似乎全年都在流行。据调查，养殖密度过大及养殖水体水质差是诱发该病的主要原因，发病鱼在水质清新、水流通畅的水体中会自然痊愈；但放入富营养化水体中会再次发病。该病可导致大黄鱼成批死亡，对苗种危害尤为严重，特别是苗种培育阶段更易感染。

（3）诊断方法　将从鳃或体表刮下的黏液与白点制成湿片，在低倍显微镜下看到全身具纤毛、体色不透明、缓慢转动的圆形或卵圆形虫体，即可确诊。

（4）防控方法

①大黄鱼放养密度不宜过大，保证养殖水体水质良好，是预防该病暴发的前提条件。

②在工厂化养殖条件下可较好地控制该病的暴发，可根据兽医师处方采用适当药剂进行消毒杀虫，但大黄鱼对许多药剂较敏感，应慎用并严格遵照兽医师处方施用。

③对于网箱养殖进行防控治疗则较为困难，应主要在该病流行季节对养殖网箱进行勤换洗并保持水流畅通。发病后及时治疗，及时捞出死鱼，不可随意丢弃在水中，以免刺激隐核虫包囊放散，幼虫扩大传播。定期于低平潮时在网箱壁上泼洒生石灰水。在流行季节，在网箱内对角同时吊挂“蓝片”（含铜缓释剂）及“白片”（含

氯缓释剂）进行挂袋治疗，约每 10 米^2 网箱面积各挂 1 片；杀虫剂只有在虫体离开包囊游到水中时才有效。而虫体破囊放散的时间有先有后，由于养殖的鱼数量多，随时都有幼虫放出，若漏过其中的一次，就会让幼虫附到鱼体上，影响灭杀效果。为此，根据刺激隐核虫生命周期为 9～14 天的观察结果，只有在此期间每天（尤其夜间）持续吊挂“蓝片”与“白片”才能收到防治效果；再根据刺激隐核虫纤毛幼虫多在夜间脱离包囊的研究结果，在夜间吊挂“蓝片”与“白片”最有效。当相邻网箱或整个海域病情严重时，有条件的可将渔排搬移入海水流速较急、养殖网箱较少的海域，几天后可自愈。另外，发病期间可适当减少投喂，并在饲料中添加少量的抗生素和复合维生素，以防继发性细菌感染，并可增强大黄鱼免疫力。

2. 淀粉卵甲藻病

淀粉卵甲藻病流行于夏、秋高温季节，营养体最适生长水温为 23～27℃，危害多种海水鱼和半咸水养殖鱼。

（1）病原与症状　病原为眼点淀粉卵甲藻，又称眼点淀粉卵涡鞭虫，虫体呈梨形或球形（图 3-40）。生活虫体（营养体）一端有假根附着于鳃部和体表，营养体成熟后假根缩回，落入水体，形成包囊（图 3-41）。包囊经发育形成涡孢子，涡孢子遇到合适宿主生出假根，再次成为营养体。

图 3-40　淀粉卵涡鞭虫营养体

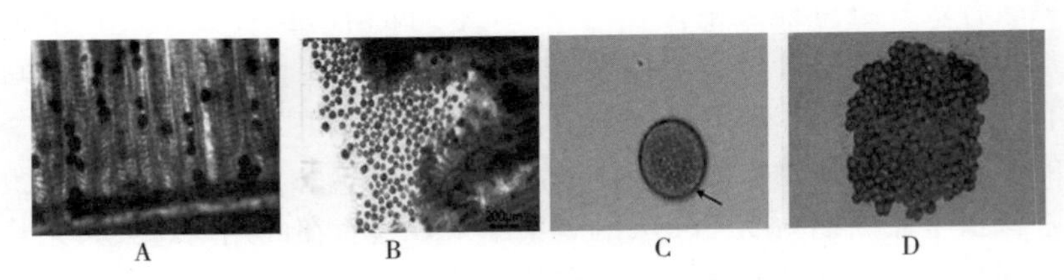

图 3-41 淀粉卵涡鞭虫体及包囊
（黄殿盛，2016）
A. 鱼鳃上虫体 B、C. 包囊 D. 分裂期包囊

淀粉卵涡鞭虫的营养体主要寄生在鱼的鳃上，其次是体表皮肤和鳍上。它刺激病鱼分泌大量黏液，形成“白膜”将虫体包住，所以肉眼可见有许多小白点，但该白点比刺激隐核虫病的要小得多。刮取病灶组织黏液可镜检到大小不等、边缘圆滑、不运动、不透明的虫体（图 3-42）。如鳃被寄生呈贫血或点状充血，呈灰白色，有的鳃丝呈棍棒状。体表严重感染时可致溃疡，鳍条腐烂。病鱼在水面漂游或横卧于水底，或竭力窜游至水面后又沉入水底，呼吸加快，鳃盖开闭不规则，口常不能闭合，有时喷水；不摄食，最后身体消瘦、鳃组织严重受损，呼吸困难，窒息或衰竭而死。

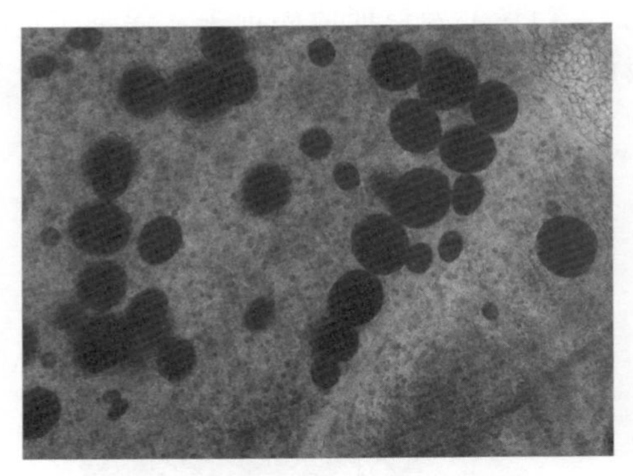

图 3-42 显微镜下淀粉卵涡鞭虫

（2）流行与危害 淀粉卵涡鞭虫病是大黄鱼室内水泥池育苗及室外土池养殖中危害最严重的疾病之一，在大黄鱼成鱼、亲鱼、鱼

苗、鱼种中都会流行。该病多暴发于每年的6—9月，高发于水温在20℃以上时。该病传播速度快、死亡率高。北从浙江宁波，南至广东雷州半岛的徐闻，都有过土池养殖大黄鱼发生淀粉卵涡鞭虫病而造成几乎全部死亡的记录。对于土池养殖的大黄鱼，夏秋季节为该病的高发期。室内水泥池培育的鱼苗在开始投喂桡足类后不久即可发病。目前网箱养殖的大黄鱼尚未见到发生淀粉卵涡鞭虫病的报道。封闭式的育苗与养殖水体因水质管理不善而造成富营养化，给淀粉卵涡鞭虫的繁衍创造了条件；育苗工具交叉使用与养殖水体相互交换加快了淀粉卵涡鞭虫的传播与蔓延。室内鱼苗所感染的淀粉卵涡鞭虫多由桡足类直接带入育苗池中。虫体寄生在大黄鱼体表，吸食鱼的组织与体液，并引起鳍条、腹部等继发性感染致病菌而充血，严重者体表溃疡或烂鳍、烂尾。虫体寄生于鳃上，其周围的鳃小瓣增生、愈合；大量寄生时，使鱼鳃组织被破坏、软骨外露、呼吸困难而窒息死亡。虫体分泌毒素也会使鱼体产生应激反应。

（3）诊断方法　肉眼看到鱼体和鳃部有小白点可以初诊；取鳃丝或体液制片，在显微镜下观察到典型营养体可以确诊。

（4）防控措施　淀粉卵涡鞭虫病应采取以防为主、综合防治的方针。

①室外土池的防控措施。在投放鱼种前要进行彻底清淤，并使用生石灰与漂白粉进行严格的消毒。投放的鱼种要检查确认没有感染淀粉卵涡鞭虫；入池前还要用福尔马林淡水溶液浸浴5分钟。水温达20℃以上时，每隔15天以20千克/亩用量生石灰化水全池泼洒。要设食台定点投喂，食台要经常清理，每周用高浓度生石灰水泼洒消毒。有条件时，可定期引入淡水，把池水相对密度间歇性地调至1.008以下。要认真检查每次收集的零星病死鱼，一旦发现感染淀粉卵涡鞭虫，就要及时采取防治措施。要避免换进周边污染淀粉卵涡鞭虫的海水。一旦发现有淀粉卵涡鞭虫感染，就要全池泼洒螯合铜溶液0.8～1.0克/米^{3}而予以灭杀。12小时后换水，隔天重复一次。病重鱼和死鱼要立即捞出进行无害化处理，防止病原传

播。在注入淡水与施药的同时，并在投喂的饵料中拌入2～3 克/千克的复方新诺明，以防继发感染。

②室内水泥池的防控措施。在使用前要先用高浓度的漂白粉与高锰酸钾彻底消毒。亲鱼入池前要检查确认没有感染淀粉卵涡鞭虫，并用福尔马林海水溶液浸浴 5～6 小时。育苗用海水要经 24 小时以上暗沉淀和细沙层达 1 米深以上的沙滤池过滤，进池前还要经石棉袋（再套 250～300 目筛绢）过滤。要控制育苗密度。日常中要认真吸污换水，投饵要少量多次，以减少残饵沉底而影响水质与底质。桡足类投喂前要用高浓度的高锰酸钾溶液严格消毒并用清水冲洗。一旦发现有淀粉卵涡鞭虫感染，就要采取降温（逐渐降到 19℃以下）、降密度、降氮（大换水）和降相对密度（降至 1.008 以下）等措施。要及时隔离，育苗工具要严格消毒，不能交叉使用。治疗可用螯合铜 0.8～1.0 克/米^3 全池泼洒，12 小时后换水，隔天重复一次。

3. 本尼登虫病

因本尼登虫寄生鱼体而发病。病原为本尼登虫，虫体白色，椭圆扁平，肉眼可见，是一类单殖吸虫。其因繁殖速度快，致病性较强，广泛寄生于大黄鱼、眼斑拟石首鱼、石斑鱼、红鳍笛鲷、鰤、鲷科等多种海水养殖鱼类体上，以大黄鱼为甚。

（1）病原与症状　目前，危害网箱养殖大黄鱼的本尼登虫的具体分类地位尚有待确认。一是归属于新本尼登虫属的梅氏新本尼登虫（*Neobenedenia melleni*）；二是归属于本尼登虫属的鰤本尼登虫（*Benedenia seriolae*）。均为隶属于扁形动物门、吸虫纲、单殖目、分室科、本尼登亚科的单殖类吸虫；各学者所描述的形态特征、生活史也大致一样。新本尼登虫形态结构见图 3-43。

本尼登虫以透明的椭圆形薄片状虫体紧紧吸附在大黄鱼的鳍、体表、头部及眼上，并在鱼体上靠前后吸盘作尺蠖状爬动。寄生初始，病鱼体表着白点，肉眼视诊病鱼难以见到。继而鱼的皮肤受到刺激，黏液增多，使表皮粗糙，虫体在鱼体表大量寄生处扩大成片，呈白斑状。但鱼体离水后该白斑不易看清。病鱼呈严重不安

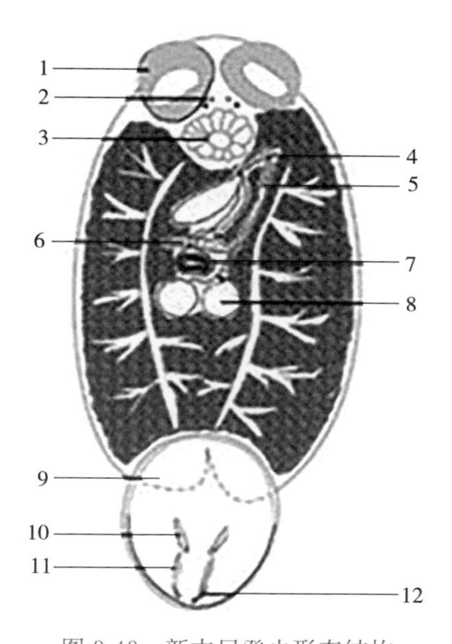

图 3-43　新本尼登虫形态结构

1. 前吸盘　2. 眼点　3. 咽部　4. 交接器　5. 输卵管　6. 肠　7. 精巢　8. 卵巢　9. 后吸器　10. 锚钩附属片　11. 前锚钩　12. 后锚钩

状，较多鱼经常在水面上散游，受惊动下沉后不久又上浮至水面；不断往网边窜动，体表常在网衣上摩擦。随着病情的加重，病鱼两体侧白斑处鳞片脱落，尾柄或鳍基部肌肉充血，继而溃疡，甚至整个尾部溃烂，严重者鱼骨裸露。病鱼开始患病时眼睛发白，似白内障症状；进而眼球红肿充血或发黑。头部开始患病时充血发红，继而磨损呈蜂窝状或下颌撕裂畸形。病鱼鳃丝暗红，个别肛门红肿。解剖观察胃肠无食物，伴有不同程度胃壁、肠壁充血。病情严重时，病鱼整日在网箱水面上缓慢游动，人为驱赶也不下沉；不摄食，身体消瘦，直至衰弱而死。小规格鱼感染本尼登虫的时间比大规格鱼要迟一些。

（2）流行与危害　大黄鱼本尼登虫病流行的时间为 9—11 月，高发期的水温在 20～25℃，主要危害 50 克以上的大黄鱼。近年来，本尼登虫病的流行期大大延长，6 月中旬至 12 月都有发生，甚至全长20毫米左右的鱼苗也有寄生。该病几乎都是发生在水流畅通、盐度高、水质好的海区网箱中。干旱少雨的年份也是网箱养殖大黄鱼本尼登虫病的高发年份。大黄鱼在主养区闽东港湾的本尼登虫病的发病率一般在30%左右，发病后的死亡率一般约为30%，高的可达90%。而河口附近受淡水影响的海域受害较轻；盐度约在15（相对密度约1.010）以下的网箱养殖的大黄鱼等海水鱼类，即使水流不畅、水质较差，也不会发生本尼登虫病。本尼登虫会咬食鱼体的黏液细胞、上皮细胞和血细胞，大量寄生可造成鱼体的营养损失、机械性损伤和组织被破坏，最终导致鱼体衰竭死亡；在鱼体上制造病灶，导致继发感染致病菌，造成出血、溃疡，以至引发败血症等而死亡；影响病鱼的食欲，甚至使其完全停食，鱼体消瘦，最后导致衰竭死亡；常伴随产生应激反应，稍受操作或水流影响，即会引起批量死亡。

（3）诊断方法　将发病鱼置于淡水中2～3分钟，见有米粒大小的椭圆形白色薄片状虫体从透明状态出现白色沉淀，或从鱼体脱落可初步确诊。

（4）防控措施　鉴于该病主要发生于网箱养殖的大黄鱼，相应防控措施如下：

①勤换网衣，使用高锰酸钾消毒，杀死附着在网衣上的虫卵。

②在网箱中吊挂敌百虫挂袋，每个网箱（10米^2）1袋，或用含氯缓释剂和含铜缓释剂挂袋，杀灭刚孵出的纤毛幼虫，切断其生活史。

③在饲料中添加复合维生素和免疫增强药物，以增强免疫力和抗应激能力。

④用淡水浸浴法治疗，在水温10～20℃时浸浴15～20分钟，水温20～25℃时浸浴10～15分钟，水温25℃以上时浸浴5～10分钟。淡水浸浴法劳动强度大，操作时鱼体易受伤，病情严重时会造成鱼大量死亡，且受伤的鱼浸泡后易并发烂颌、烂尾病，可在浸浴后对每个网箱用含氯缓释剂挂袋，杀灭水中病菌，预防伤口感染，必要时内服抗生素。

4. 瓣体虫病

瓣体虫病又称布娄克虫病，海水温度 25～27℃，水流不畅、养殖密度过大时，瓣体虫极易寄生，该虫大量寄生会导致鱼体体质衰弱，最终大量死亡。

（1）病原与症状　病原为瓣体虫，呈卵形或椭圆形，腹面平坦，前部有一能够伸缩的圆形胞口，身体中部略靠一边有一卵圆形大核，大核之后有一花朵状折光瓣状体（图 3-44）。大量寄生时，能在发病鱼鳃部位观察到较多虫体。有时也可在体表上见到，病灶部位形成很多不规则的白斑。患病严重时表现为鳃部呈灰白色；鳃丝浮肿，黏附有许多污物；鳃盖很难闭合，在水中呈现“开鳃状”。瓣体虫主要危害鱼苗，该病发病周期较短。在一般的网箱养殖和高密度流水养殖过程中该病暴发率极高。病鱼常浮于水面，游动迟缓，因呼吸困难而沉底死亡。此外，患病鱼常继发细菌性感染，引发细菌性疾病而死亡。病死鱼苗常沉于网箱底部，不易被发现。

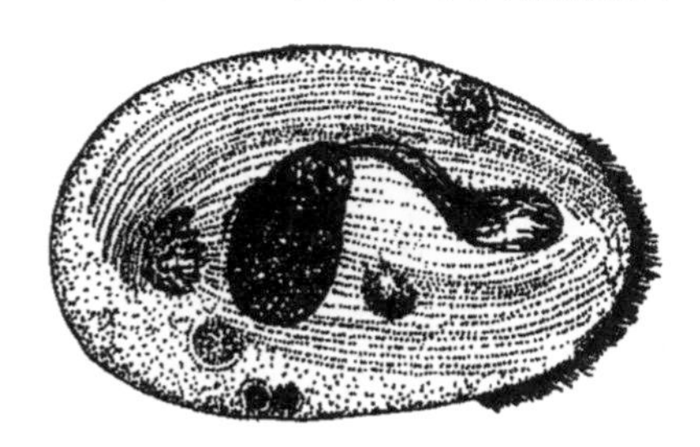

图 3-44　瓣体虫

（2）流行与危害　瓣体虫病主要危害网箱中间培育的全长20～70 毫米的大黄鱼鱼苗，尤其是晚春初夏培育出的鱼苗。流行时间为夏秋季节。该病一般发生在网箱集中、分布密集的养殖区大黄鱼鱼苗中，而且蔓延迅速，2～3 天死亡率可达 90%以上。虫体寄生于大黄鱼鳃上，吸食、破坏鳃组织，分泌大量黏液，使大黄鱼呼吸困难窒息而死；使鱼体产生应激反应，遇到潮流冲击或人工操作极易引起休克死亡；虫体寄生在鳃与体表的病灶会使患病苗种继发感染致病菌，引发细菌性疾病而死亡。

（3）诊断方法　取大黄鱼鳃组织或体表黏液，光学显微镜下看到虫体即可初步确诊。

（4）防控措施　防治瓣体虫方法与防治淀粉卵涡鞭虫病的方法类似，采取综合防治、以防为主。

①春季提早育苗，鱼苗可避免此病。

②降低鱼苗放养密度。

③网箱保持水流清洁、通畅。

④常冲洗网衣，及时更换大一号网目的网箱。

⑤在瓣体虫多发季节，网箱使用含氯缓释剂和含铜缓释剂挂袋。

⑥发现发病鱼，用含抗生素的淡水药浴5分钟，每3天1次。

（二）细菌性疾病及防控方法

由细菌感染或细菌继发感染导致的大黄鱼发病和死亡的疾病称为细菌病。大黄鱼常见细菌病主要包括细菌性肠炎、弧菌病及假单胞菌病。

1. 细菌性肠炎

嗜水气单胞菌（*Aeromonas hydrophila*）是人、畜及水生动物共患的条件致病菌。该菌广泛存在于水环境中，可感染多种经济鱼类并造成暴发性死亡。

（1）病原与症状　病原为嗜水气单胞菌，多种嗜水气单胞菌感染而引起疾病暴发。此外，冰鲜鱼在储存过程中蛋白质会分解产生组织胺，与游离的赖氨酸结合产生“糜烂素”，也可造成肠道溃疡、糜烂，是该病发生的一个重要诱因。

病鱼离群独游，鱼体发黑，食欲减退，以至完全不摄食，剖开肠管，肠壁局部充血、发炎，肠腔内没有食物或在肠后段有少量食物，肠内黏液较多。严重时肠道因淤血呈紫红色，肠壁弹性较差，肠内有大量的淡黄色黏液，肛门红肿。

（2）流行与危害　水温20℃以上开始流行，流行高峰在夏秋高温季节。主要是经口传染，尤其是投饵量过高或投喂腐败变质的饲料后极易诱发细菌性肠炎。大黄鱼各个养殖区都会发生，死亡率较高。

（3）诊断方法　从上述外部症状即可初诊；取肝脏组织进行病原菌分离鉴定可确诊。

（4）防控措施　对嗜水气单胞菌病，目前应采用综合防控措施。首先是采取改良水质、消除病原、增强鱼体的抵抗力等措施予以预防。其次是应用抗生素予以治疗。但近年来由于抗生素的大量使用，该菌的抗药性逐渐增强，这给大黄鱼养殖业带来了新的难题。主要防控措施有：

①合理控制网箱布局密度，保持网箱区水流畅通，死鱼、残饵与生活废弃物等进行无害化处理，保证网箱水环境卫生。

②嗜水气单胞菌病的诱因主要是摄食鲜度差的饵料或过量投喂。为预防该病发生，切勿投喂新鲜度差的饵料；并要适量投喂，切勿过量，否则适得其反。

③定期在每千克饵料或湿饲料中添加 0.6 克大蒜素及 3～5 克干酵母，连续投喂 3～5 天。

④发生该病时，应立即停饵，鱼苗停饵 1 天，鱼种以上大规格大黄鱼可停饵 2～3 天。

⑤病愈后改喂优质配合饲料。

2. 弧菌病

弧菌病是大黄鱼网箱养殖过程中的常见病害，发病高峰期在 7—8 月的高温期间。体表充血以至溃烂为大黄鱼弧菌病的典型症状，均由弧菌科、弧菌属家族的各种弧菌所为。弧菌是一类革兰氏阴性、具极生鞭毛、能运动、无芽孢的短杆状细菌，其中有的弧菌有一定的弯曲，欠柔软，有的弯曲不明显，是海水中的优势菌群。

（1）病原与症状　根据养殖水域地理位置的不同，病原流行种株有所差异。主要病原为溶藻弧菌（*Vibrio alginolyticus*）、副溶血弧菌（*Vibrio parahaemolyticus*）、哈维氏弧菌（*Vibrio harveyi*）和河流弧菌（*Vibrio fluvialis*）。它们均为条件致病菌，大量存在海水、底泥及鱼体内，很多情况下是作为继发感染病原造成大黄鱼的暴发性弧菌病（如感染刺激隐核虫后）。

发病初期症状不明显；中后期主要症状为病鱼脱鳞、体表充血并逐渐溃烂，严重者大面积溃烂直至肌肉；吻部充血，有的断裂；蛀鳍、烂尾（图 3-45）。解剖后可见肝脏肿大，有块状斑，略带土黄色；肾脏肿大；胆囊褪色；肠空、无食物，有少量液体，肠壁无充血。病鱼缓慢浮游于网箱边缘水面，后逐渐死亡。在典型的发病网箱内，从出现少量病鱼到大部分鱼发病死亡历时约 1 周。

图 3-45 感染弧菌的病鱼

（2）流行与危害 弧菌是海水环境中的正常菌群，广泛分布在自然海区中，一般情况下不会引起大黄鱼发病。但当养殖海域环境条件恶化，引起这些条件致病菌大量繁殖，而养殖大黄鱼免疫力低下时就会发生弧菌病。流行时间以夏季高温期为主，7—8 月为高峰期，水温度超过 25℃时。其中，溶藻弧菌作为一种条件致病菌在高温和高盐度时易黏附于大黄鱼的肠道，这是弧菌侵染大黄鱼的主要途径。大黄鱼弧菌病往往发生于有体表擦伤、经受不良环境胁迫或免疫力低的鱼。养殖海水 pH、水温和盐度产生较大波动等不良环境胁迫较易引发弧菌病。发病范围大，感染率高，鱼种和成鱼均能感染发病，发病死亡率一般为 20%～60%。在同一养殖海区当年鱼种比 2 龄以上成鱼更易发病，死亡率明显偏高。

（3）诊断方法 通过上述有关症状可初步诊断。用 TCBS 弧菌选择性培养基进行培养，菌落为黄色也可初步诊断，确诊应用细菌学鉴定方法。此外，分子生物学技术尤其是多重 PCR 技术，可及时检出养殖大黄鱼致病性弧菌，能有效地降低漏诊率，提高检测效率，方便、准确，更适宜于生产实践的普及推广及流行病学调查。

（4）防控措施

①弧菌病属环境致病，故应合理布局养殖网箱的密度，改善养殖水质环境，保持网箱清洁。

②在种苗选择鉴别、运输等操作时要小心，以避免鱼体受伤后而被弧菌感染。

③放养密度不要过大。

④发现个别病死鱼，应集中后统一处理，不要随意丢弃，防止病菌扩散。

⑤适时在饲料中添加适量复合维生素等，以增强大黄鱼体质。

⑥在遭遇不良养殖环境（如暴雨过后导致的海水盐度波动）前后或发现感染寄生虫病时，及时投喂免疫增强剂或抗菌剂等预防措施，这是防止严重弧菌病暴发的有效生产管理措施。

3. 假单胞菌病

假单胞菌病俗称内脏白点病，是目前网箱养殖大黄鱼在越冬期间所发生的一种新的细菌性疾病，且该病病情有逐年加重的趋势（彩图 48）。

（1）病原与症状　假单胞菌病（又称肉芽肿病）病原曾被鉴定为鰤鱼诺卡氏菌（*Nocardia seriolae*），目前确认革兰氏阴性菌杀香鱼假单胞菌（*Pseudomonadacesa plecoglossicida*）为大黄鱼内脏白点病的流行病原。

病鱼活动力下降，离群缓慢游动，摄食减少甚至不摄食，体形稍瘦，体色变黑，常浮于水面。鱼体外表及鳃部完好，无寄生物或溃疡。解剖发现病鱼脾脏暗红色，有许多白点状结节，大小在 1 毫米以下，肾脏也有许多白色结节，大的在 2 毫米左右，肝脏、心脏也有白色结节。肠道内有淡黄色的内容物，体腔有大量腹水（图 3-46）。从病鱼组织中分离的菌株致病力极强；经形态、生理生化特征鉴定，其特征为菌落圆形、灰白、不透明，菌体短杆状，革兰氏阴性，有动力，葡萄糖氧化分解，氧化酶阳性。鳃盖、上腹部、胸鳍基部、肛门出血也时常见于某些病例中。

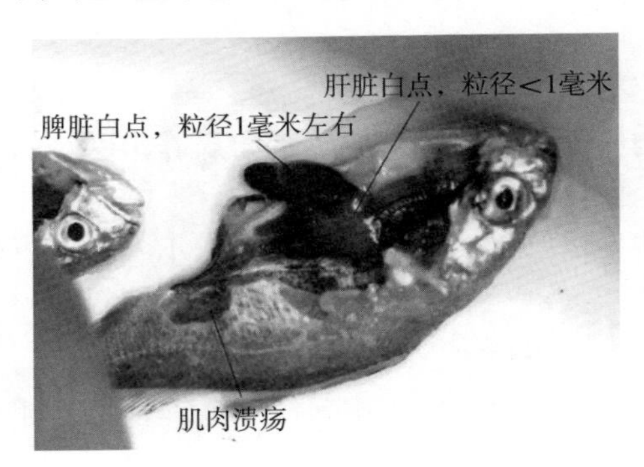

图 3-46　大黄鱼假单胞菌病典型临床症状

（2）流行与危害　该病高发期为每年的 3—5 月和 10—11 月。流行时间主要受养殖水温的影响，高发水温在 15～23℃。主要危害体重 100 克以上的大黄鱼鱼种和养成鱼，发病率为 20%～30%，病症严重的鱼陆续死亡，发病后的死亡率达 70%～80%。水温较低时，鱼体消化不良、抵抗力较低、放养密度过大、饵料鲜度不好等因素可能成为引起该病发生和流行的原因。

（3）诊断方法　从脾脏、肾脏上布满直径约 1 毫米左右的白色结节的症状即可初诊。确诊应刮取病灶部位的组织进行细菌分离培养，再用 TSA 培养基进行分离、培养和鉴定。

（4）防控措施

①根据该病流行的季节规律，建立早期预警措施，做到"无病先防、早发现早治疗"。有体表皮肤损伤的大黄鱼易被感染，并具有较高的死亡率，因此减少养殖中易损伤鱼体的生产操作可以较大程度避免该病的发生。

②降低养殖密度，减少或避免不良应激操作，同时在饲料中适量添加复合维生素，提高鱼群免疫力。

③可在饲料中添加氟苯尼考（含量 10%），剂量为每千克饲料 1～2 克，每疗程 7～10 天。考虑到该病多在越冬期间发生，大黄鱼因水温低本来食欲就差，加上鱼病情严重时停止摄食，根本无法

施药；因此，为了预防大黄鱼的假单胞菌病发生，要在越冬之前提前给将要越冬的大黄鱼投喂1个疗程抗生素予以预防。

④鉴于目前流行的病原株具有多重耐药性，在该病早期发生时，执业兽医师可根据病原药敏检测结果并视鱼群整体摄食情况开具适用药饵处方，用于控制病原的传播和扩散。

⑤要收集病鱼，统一进行无害化处理，以免病原菌传播。

（三）病毒性疾病及防控方法

在大黄鱼养殖中，目前报道的危害严重的病毒病仅有大黄鱼虹彩病毒病。虹彩病毒病（Iridescent virus disease）是一种由大型正二十面体虹彩病毒引起的疾病。虹彩病毒感染后主要是造成造血组织坏死，其症状包括体色变黑、鳃盖张开及鳃部出血等。传染方式是以水平感染为主，这点与神经坏死病毒可透过种鱼垂直感染有很大的不同。多年来在欧亚地区，由该类病毒引起的鱼类疾病发病率已呈明显上升趋势，病鱼的死亡率从成鱼阶段的30%上升到幼苗阶段的100%，给鱼类养殖业造成重大的经济损失，受到国内外业界越来越多的关注。迄今为止，文献报道的鱼类细胞肿大病毒属虹彩病毒已有20余种，该属虹彩病毒感染的硬骨鱼类包括鲈形目、鲽形目、鳕形目和鲀形目4目近百种海、淡水鱼类。多种细胞肿大病毒属虹彩病毒在我国陆续被发现，其宿主几乎涵盖了我国主要的海水养殖鱼类和重要的淡水养殖鱼类。

（1）病原与症状　病原为大黄鱼虹彩病毒（large yellow croaker iridovirus，LYCIV）。大黄鱼虹彩病毒病的临床症状表现为病鱼体色变黑，体表和鳍出血；鳃贫血、色变淡，呈灰色或点状出血；肝脏尖部或其他某一部分充血、发红，呈“花肝”状；腹腔积液，脾脏或肾脏和头肾肥大。病鱼拒食、胃肠无内容物；反应迟钝、离群浮游，游动无力，不久衰竭死亡。组织病理学观察显示，病鱼脾脏肿大，呈球形，色深；脾脏、肾脏组织呈现广泛的坏死，坏死的组织中可见肿大的细胞。病变组织的电镜形态学观察显示，脾脏、肾脏组织肿大，细胞质中存在大量的病毒颗粒，病毒粒子呈六边形、正二十面体，直径在120～160纳米，呈典型副晶格状排列（图 3-47）。

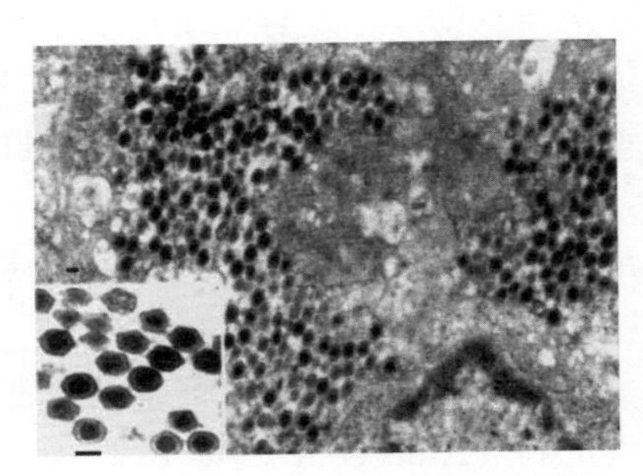

图 3-47 大黄鱼虹彩病毒的形态特征

（2）流行与危害　大黄鱼虹彩病毒病流行季节为水温在 25℃以上的 6—9 月，高发期为 7—8 月的高温期间。病程短，暴发性，从观察到鱼患病至病鱼死亡短的仅几个小时。传染性强，流行速度快。先在几个养殖网箱中发生，数天内迅速蔓延至整个网箱养殖区，危害程度严重，死亡率可达 50%以上。目前该病的总体发病率尚较低，但一旦发病，死亡率却高达 80%以上。对大黄鱼，主要危害体长 100 毫米、体重 20 克左右的鱼种。

（3）诊断方法　观察大黄鱼体表和鳃的外观症状，结合解剖鱼的肝脏呈现"花斑"可初诊。脾脏和肾脏组织切片在光学显微镜下可以看到异常肿大的细胞，在电镜下可以看到含大量病毒粒子的细胞，并且 PCR 检测阳性，可以确诊为该病毒感染。

（4）防控措施　目前尚无有效的方法治疗大黄鱼虹彩病毒感染，主要通过早期检测预防控制该病暴发。可通过敏感性高的定量 PCR 进行快速检测，及时预测预报虹彩病毒病，减少经济损失。发现携带病毒鱼的网箱要及时处理，排除隐患，或投喂一些抗病毒药物进行预防，做好防范工作。例如，可使用如下渔药进行预防：①内服聚维酮碘（液体），按 0.5%～0.8%饲料量添加，连续投喂 7 天为 1 个疗程。②内服吗啉胍，每千克饲料 0.3 克，连续投喂 7 天为 1 个疗程。

三、大黄鱼非生物性疾病及防控措施

（一）大黄鱼鱼苗的异常胀鳔病

1. 病因与症状

大黄鱼鱼苗的异常胀鳔病为营养性疾病。致病原因是鱼苗体内缺乏 EPA 和 DHA 等 n-3 系列的高度不饱和脂肪酸。具体原因是投喂的轮虫和卤虫幼体等饵料的高度不饱和脂肪酸营养强化不够，或是缺乏桡足类之类的生物饵料而致病，最终导致批量死亡。

患病的仔稚鱼不摄食，体色发白，腹部膨大，肠胃内无食物，其鳔比正常的鳔大 1/3 以上。对外界的光、声等刺激反应敏感，这些刺激常引起仔稚鱼骤然大量堆积在水面而无法沉入水层，时而挣扎，时而打转；同时体表分泌大量黏液，有的当即休克死亡，有的挣扎 1～2 天后陆续衰竭死亡。

2. 流行与危害

主要发生在大黄鱼等海水鱼类的仔、稚鱼阶段（即鱼苗阶段），会导致鱼苗的批量死亡，死亡率可高达 80%～90%。

3. 诊断方法

发现鱼苗有上述症状并结合检查投喂饵料的种类及营养强化情况即可诊断。

4. 防控措施

（1）投喂的轮虫用刚增殖的 1 500 万～2 000 万个/毫升小球藻液进行 6 小时以上的二次强化培养。当小球藻液水色变淡，而强化的轮虫体色变绿时，即可收集投喂。

（2）投喂的卤虫无节幼体要经乳化鱼肝油等营养强化后投喂。

（3）投喂适口的富含高度不饱和脂肪酸的桡足类及其幼体。

（4）配合投喂营养全面的微颗粒人工配合饲料。

（二）大黄鱼的肝胆综合征

目前对大黄鱼肝胆综合征的报道较少，仅大黄鱼主养区宁德市三都湾网箱养殖大黄鱼有发生肝胆综合征的报道。

1. 病因与症状

大黄鱼肝胆综合征亦称黄疸病，为非病原体引起的鱼病，主要原因是大黄鱼摄入了变质的或氧化酸败的冰鲜饵料，或是受滥用药物的毒害而引起的。重者直接中毒死亡，轻者引起肝胆病变。高温季节过量投喂可能也是大黄鱼肝胆综合征的诱因之一。许多专家曾对患该病的病鱼肝脏进行致病菌分离而均未获得成功，这也反向证明了该病不是由致病菌引起的。

初患病鱼体表上一般无明显的器质性病变症状，其体色、体形亦无明显变化；仅表现烦躁不安，甚至痉挛窜游；有的游动无力，或在水面上打转。随着病情的发展，病鱼体色开始变淡，胸鳍、腹鳍及尾鳍变黄。肝脏有不同程度的肿大，严重者比正常的肝脏大1倍以上；如果病情继续恶化，肝脏开始萎缩变小，肝脏颜色变淡，呈淡黄色或充血，有的形成黄、白相间的“花肝”。胆囊肿大，颜色变深呈墨绿色，胆汁充盈，有的胆汁颜色变成淡褐色。脾脏明显肿大，有的肠壁发红，肠道内充满了淡黄色内容物。有的还伴有尾部充血、出血或溃烂。鳃部贫血，眼睛发红或眼眶充血，或有鳞片脱落、鱼体溃烂等症状。有一些网箱养殖户和渔药店主不注意诊断养殖大黄鱼的实际病症而滥用抗生素，不但没有缓解病情，反而加重了对病鱼肝脏的损害，使病情急速恶化而引起批量死亡。

2. 流行及危害

流行时间为7—9月的高温季节，主要危害体重150克以下的大黄鱼鱼种，大规格的养成鱼也会发病。发病率一般在20%～30%，若不及时治疗，病鱼的死亡率可达70%～80%。该病病程短，一般到养殖户发现时就已经很严重了；且因主要病灶在肝胆部位，疗效缓慢、痊愈困难，故应提早预防。

3. 诊断方法

当发现养殖鱼食欲不振或不摄食，体表无明显症状和内脏有上述症状的，再结合检查投喂的饵料质量和用药史即可诊断。

4. 防控措施

（1）不投喂腐败或酸败变质的饵料或饲料。

（2）疾病高发期切忌过量投喂。

（3）高温季节最好以配合饲料代替冰鲜饵料，或是冰鲜饵料与配合饲料交替使用。

（4）定期在饲料中添加复合维生素和氯化胆碱等。

（5）发病时应立即停饵 2～3 天，后内服护肝药物、复合维生素、干酵母等，连续投喂 5 天。

（6）护肝药物可用当归、白芍、郁金、柴胡、黄芪、甘草等中药合剂，该处方有解毒、保肝、利胆的作用。

（三）大黄鱼的滞产症

至今尚未见到有关大黄鱼滞产症及其造成危害的报道，但该症已成为目前大黄鱼养殖过程中的死鱼原因之一。为此，人们对这一问题越来越关注。

1. 病因与症状

在海上网箱养殖条件下，虽然大黄鱼卵巢里的卵细胞已发育成熟，但因缺少排卵动力而一时无法把卵排出体外，成熟卵只能在卵巢里吸水，这样便发生了滞产症。另外，对于卵细胞已发育成熟的大黄鱼亲鱼，由于未及时催产，其卵子过熟，即使不实施人工催产，也会患滞产症而死；若实施人工催产，多数雌鱼会更快患滞产症而死。

患滞产症的雌鱼腹部高度膨大。把病鱼捞出水面观察，腹部毫无弹性，像未装满水的“水袋”。重力的影响使其形状完全改变。当把病鱼从头部向上提起时，腹部便向肛门方向垂涨；当病鱼侧卧时，整个腹部均鼓起。解剖观察，卵巢体积很大，卵粒已崩解水化。存活病鱼在水中活动的典型症状为腹部重度下垂而呈半圆球状，严重影响鱼的游动。病鱼多分布在水面上，不摄食，频繁地用尾鳍划水而使鱼体艰难而缓慢地向前移动。这些病鱼一旦遇到水流冲击或注射催产就会很快死亡。

2. 流行与危害

大黄鱼滞产症仅发生在雌鱼身上。雄鱼的精巢发育即使非常成熟也未见过此症。由于大黄鱼在自然海域一年里有春、秋两次性成熟的特性，所以大黄鱼滞产症每年会在春、秋两季各发生一次，春季约在 5 月下旬至 6 月中旬，秋季约在 10 月中旬至 11 月上旬。大黄鱼滞产症的发生率与死亡率视鱼的规格大小而不同，规格越大，大黄鱼滞产症的发生率与死亡率就越高。就正常发育的 2 龄大黄鱼而言，雌鱼每个繁殖季节的发病率可达 50%以上，病发后的死亡率可达 50%以上。

3. 诊断方法

在大黄鱼自然繁殖季节观察雌鱼，发现腹部明显膨大而无弹性、游动迟缓的即可诊断。

4. 防控措施

目前对大黄鱼滞产症尚无有效的防治措施，但有一些方法可以试一试：一是在大黄鱼自然繁殖季节之前的 1 个月，以饥饿法来控制卵巢发育，即每隔 2～3 天投喂 1 次，每次投饵率控制在 1%以内；二是发现网箱养殖的大黄鱼中有部分雌鱼卵巢已开始膨大时，立即挑出进行人工催产，并开始对网箱中的其他鱼实施停饵，以抑制卵巢发育。对于在室内进行人工培育、准备用于人工催产的亲鱼，要注意观察卵巢发育情况，一旦发现部分亲鱼卵巢已发育成熟（尤其是规格较大的雌鱼），就要及时挑出进行催产，以免卵发育过熟而引发滞产。另外，定期投喂复合维生素，以增强亲鱼的抗逆能力。

（四）大黄鱼的环境胁迫性疾病

研究大黄鱼各生长阶段的耗氧率、窒息点等生理生态特征及与其相关的缺氧浮头发生过程，对建立大黄鱼的养殖生理生态学，以及人工繁殖与养殖过程中的亲鱼与仔稚鱼的放养密度设置、水质调控、饵料投喂和活体运输等均有重要的意义。但目前对此的研究与报道尚较少。

1. 病因与症状

环境胁迫性疾病是环境因子单独或共同作用于养殖鱼类，导致鱼体生命活动和生理功能紊乱，直至死亡的疾病。导致环境胁迫性疾病的环境因子主要包括温度、溶解氧、亚硝酸盐、氨氮等。致使大黄鱼患环境胁迫性疾病的环境因子有：网箱连片过大，通道窄，水流不畅，或育苗室内培育亲鱼、鱼苗的水泥池不及时吸污换水，或临时停止充气；放养密度过大；养殖网箱网目被附着物堵塞，使箱内外海水无法正常交换；养殖水体富营养化，有机物质含量高或浮游生物繁殖过度，大量消耗水体的氧气。在温度胁迫中，温度小幅升高会影响大黄鱼代谢、免疫等生理过程，高温对大黄鱼的免疫系统会产生不利影响，同时易引发病原性疾病。大黄鱼养殖的适宜水温范围为 8～30℃，最适生长温度为 18～28℃，水温超过 28℃ 属于高温胁迫。大黄鱼的生长比较适宜的溶解氧应在 5 毫克/升以上，溶解氧低于 5 毫克/升时，大黄鱼处于低氧胁迫状态。

高温胁迫下的症状：温度小幅升高导致大黄鱼摄食减少、生长缓慢、抗病力差等。温度快速大幅升高，大黄鱼会出现游边、浮头、无力侧游等异常行为特征，严重时会导致死亡。

低氧胁迫下的症状：随着水体中溶解氧的减少，鱼体为保持其能量代谢水平而借助其呼吸系统与循环系统的补偿机制，以保持原有的溶解氧摄取量，鱼的呼吸频率加快；在接近溶解氧临界值时，由于不能获得新陈代谢的必需氧量，正常的生理机能和补偿机制受到抑制。大黄鱼急性缺氧早期表现出呼吸增强加快、游动活跃、上下跳跃等异常行为，随着时间推移出现痉挛，横卧不动，挣扎浮头，失去平衡，最后心率减弱，鱼窒息死亡。大黄鱼慢性缺氧没有明显症状，但其对生长、发育、繁殖等都会产生不利影响。

2. 流行与危害

一年四季均会发生。主要发生在夏秋季节的闷热无风天气，尤其是下半夜至早晨日出之前的这段时间。小潮汛期间网箱密集区的中央部分极易发生。在台风来临之际的低气压控制下，不论是室外池塘或是网箱区都很容易发生缺氧而浮头。严重的环境胁迫会导致大黄鱼痉挛并发生急性休克死亡；轻的表现为不摄食、不生长、性腺不发育，或催产无效应并滞产而死，影响养殖大黄鱼的管理操作与成活率。这些大黄鱼若长途运输即会大量快速死亡；即使暂时存活，也表现为身体极度衰弱、鱼体发硬、体表黏液脱落、鳞片松动，最终失去商品价值或死亡。

3. 诊断方法

通过上述鱼的动态或检测水温和溶解氧，水温超过 28℃和溶解氧在 3 毫克/升以下即可判断；日出后即使测得的网箱中溶解氧在 4 毫克/升左右，也可推测在日出前大黄鱼曾处于缺氧状态。

4. 防控措施

（1）大黄鱼网箱养殖的环境调控很难实现人为控制，因此，除选择良好适宜的养殖水域外，海上网箱要合理布局，保持适当的网箱密度；要多留通道、留足通道；随着网箱中的养殖鱼生长应及时降低密度，保持适宜密度，尤其在网箱区的中央部分；海上网箱要经常洗刷、及时捞除残饵和死鱼；在日常生产管理中，应避免养殖环境污染，减少冰鲜饲料投喂，维护和提高养殖环境质量。

（2）室内池要注意适量投喂，及时吸污；室内亲鱼池与育苗池要加大换水量与充气量。

（3）室内池或土池发现有缺氧浮头征兆时，要及时开动充气机以充气增氧，或施放增氧剂。

（4）尽量避免在高温（如 30℃以上）应激源之下进行拉箱、捞鱼操作；即使是非操作不可时，也要尽量缩短操作时间。

（5）在多重应激或极强烈应激的情况下使用麻醉剂可阻止应激反应的发生，从而提高鱼的成活率。把丁香酚麻醉技术应用在大黄鱼幼鱼标志与亲鱼催产操作上，有效降低了应激反应风险，提高了增养殖大黄鱼的成活率。

（6）通过投喂壳聚糖、维生素等免疫增强剂增强大黄鱼的抗应激能力和免疫力，可在一定程度上减少或避免高温、低氧等环境胁迫性疾病发生。

第四章 大黄鱼绿色高效养殖案例

第一节 宁德近岸网箱绿色高效养殖实例

一、基本信息

近岸网箱养殖区位于福建省宁德市大湾，三都岛的南面，水深在20～30米，相对风浪较大，是近几年开发的网箱养殖区。该养殖区2017年的网箱（规格4米×4米）总数约6 000个。相对于海区面积，网箱密度较低，渔排间隔较大，网箱养殖区水流畅通。

二、普通塑胶网箱大黄鱼单养模式

养殖户陈某，渔排养殖面积1 728米^2，有108个网箱框位，其中大黄鱼成鱼养殖48个框位，设置6个网箱，即每个网箱为8个框、面积128米^2，网箱水深约7米（图4-1）。

（一）放养与收获情况

2017年4月初，6个网箱共投放规格120克/尾的鱼种22.50万尾，至2018年11—12月共收获商品鱼93 400千克，平均单产121.6千克/米^2、17.4千克/米^3，商品鱼平均规格0.46千克/尾，养殖平均成活率89.60%。各个网箱的具体养殖收获情况见表4-1。

图 4-1 养殖户陈某网箱养殖基地

表 4-1 大黄鱼放养和收获情况

网箱编号	投放鱼种规格（克/尾）	每箱投放鱼种（万尾）	网箱面积（米^2）	鱼种投放密度（尾/米^2）	产出（千克）	面积单产（千克/米^2）	水体单产（千克/米^3）	商品鱼规格（千克/尾）	产出尾数（万尾）	成活率（%）
1	120	3.75	128	293	15 400	120.3	17.2	0.45	3.42	91.20
2	120	3.75	128	293	14 500	113.3	16.2	0.42	3.45	92.00
3	120	3.75	128	293	16 100	125.8	18.0	0.48	3.35	89.33
4	120	3.75	128	293	16 800	131.3	18.8	0.50	3.36	89.60
5	120	3.75	128	293	14 900	116.4	16.6	0.45	3.31	88.27
6	120	3.75	128	293	15 700	122.7	17.5	0.48	3.27	87.20
平均值	120	3.75	128	293	15 567	121.6	17.4	0.46	3.36	89.60
合计	—	22.50	768	—	93 400	—	—	—	20.16	—

（二）养殖效益分析

共收获约 93 400 千克商品鱼，平均 28～32 元/千克，产值约 280 万元，扣除成本 188 万元，利润约 92 万元，投入产出比达 1∶1.49，取得了较好的经济效益（表 4-2）。

表 4-2 养殖效益情况分析

产出（万元）	成本（万元）				利润（万元）	单位商品鱼成本（元/千克）	投入产出比
	苗种	饵料	其他（人工、水电）	合计			
280	70	88	30	188	92	20.13	1∶1.49

三、深水大网箱大黄鱼和黑鲷套养模式

养殖户郑某，渔排有 384 个标准网箱框位（4 米×4 米）和 6 个深水大网箱（24 米×24 米）。其中 5 个深水大网箱养殖大黄鱼成鱼，每个网箱设置内网和外网，即每个网箱面积 576 米^2，内网规格为 24 米×24 米×7 米，外网规格为 25 米×25 米×8 米（图 4-2 至图 4-3）。内网养殖大黄鱼；外网套养黑鲷，可以采食附着在网衣上的碎屑，起到洁净网衣的作用。

图 4-2 养殖户郑某网箱养殖基地——标准网箱框位

图 4-3 养殖户郑某网箱养殖基地——深水大网箱

（一）放养与收获情况

2019年12月初，5个深水大网箱共投放平均规格85克/尾的鱼种57万尾，至2020年10—12月分批次收获商品鱼257 345千克，平均单产89.4千克/米²、12.8千克/米³，商品鱼平均规格0.53千克/尾，养殖平均成活率85.14%。各个网箱的具体放养与收获情况见表4-3。

表4-3 大黄鱼放养和收获情况

网箱编号	投放鱼种规格（克/尾）	每箱投放鱼种（万尾）	网箱面积（米²）	鱼种投放密度（尾/米²）	产出（千克）	面积单产（千克/米²）	水体单产（千克/米³）	商品鱼规格（千克/尾）	产出尾数（万尾）	成活率（%）
1	85	11.5	576	200	42 824	74.3	10.6	0.43	9.96	86.6
2	85	11.5	576	200	45 618	79.2	11.3	0.47	9.71	84.4
3	85	11.5	576	200	53 697	93.2	13.3	0.53	10.13	88.1
4	85	11.5	576	200	56 994	98.9	14.1	0.60	9.50	82.6
5	85	11	576	191	58 212	101.1	14.4	0.63	9.24	84.0
平均值	85	11.4	576	198	51 469	89.4	12.8	0.53	9.71	85.14
合计	—	57.0	2 880	—	257 345	—	—	—	48.54	—

（二）养殖效益分析

共收获约257 300千克大黄鱼商品鱼，平均26～31元/千克，产值约750万元，扣除成本670万元，利润约80万元，投入产出比1∶1.12（表4-4）；另外网套养的黑鲷产出4 000千克，增收约12万元；累计利润约92万元。

表4-4 养殖效益情况分析

产出（万元）	成本（万元）				利润（万元）	单位商品鱼成本（元/千克）	投入产出比
	苗种	饵料	其他（人工、水电）	合计			
750	160	480	30	670	80	29	1∶1.12

四、经验和心得

1. 良好海区选择是前提

宁德大湾网箱养殖区水较深、潮流畅通、水质良好、溶解氧含量高，鱼体生长速度快、饵料利用率高；养殖过程中未暴发“白点病”，未造成重大死鱼事件，即使发生“白点病”等疾病，其严重程度也较低，从而大大提高养殖成活率、单产和商品鱼的规格。

2. 合理网箱布局是关键

大湾网箱养殖区养殖网箱布局较为合理，各个养殖渔排间隔较大，其网箱密度仅为 90 个/公顷，因而保证了整个网箱养殖区水流畅通，残饵、鱼体代谢产物等有害物质不易沉积，养殖区水体交换快速，从而为大黄鱼网箱养殖提供良好的水质环境。

3. 网箱改大、改深为技术保障

普通塑胶网箱大黄鱼单养模式案例中采用 8 个通框、面积 128 米^2 的大网箱进行大黄鱼养殖，同时充分利用海域优越的水深条件，将网箱入水深度提高至 7 米，相对传统 16～20 米^2、水深 4～5 米的网箱养殖，不仅充分利用养殖水体，同时增大养殖空间，从而使鱼体快速生长，同时品质也得到提高。

4. 海上网箱养殖模式优化与示范

经前期探索验证，采用深水大网箱套养模式可有效提高养殖经济效益。在深水网箱上装备 1 层内网和 1 层外网，内网主养大黄鱼，内网和外网间隔空间套养黑鲷，黑鲷可采食网衣附着物以维护网衣，并于当年收获 4 000 千克黑鲷。

五、上市和营销

（1）该网箱养殖区养殖户联合建立了农村专业合作组织，构建集生态型现代网箱养殖示范、渔耕体验、休闲渔业旅游、海洋运动于一体的环境友好型现代渔业养殖休闲旅游综合体，吸引和接待游客在养殖区采捕海鲜、参观大黄鱼养殖、进行亲海运动，可以垂钓、玩水、观景、体验。

（2）当地大黄鱼行业组织、大黄鱼龙头企业把握时代发展步伐，从行业发展的高度，引进电商、超市、大卖场，产供销合作，多方联手拓展大黄鱼线上线下销售渠道，建立了一套从苗种、养殖、加工到销售的可追溯管理体系，全程采用冷链配送，确保大黄鱼肉质细嫩、口感鲜美。

第二节　舟山深水网箱绿色高效养殖实例

一、基本信息

舟山施诺海洋科技有限公司是一家专业从事海洋船舶通信设备和现代海洋养殖装备研发及海水养殖的高科技企业，成立于 2011 年 12 月。在舟山朱家尖西岙拥有深水网箱养殖基地，有不同规格网箱 400 个，面积约 200 亩，主要养殖品种有大黄鱼、黄姑鱼、黑鲷等（图 4-4）。

图 4-4　舟山朱家尖西岙深水网箱养殖基地

二、放养与收获情况

养殖大黄鱼网箱是圆形浮式抗风浪深水网箱，网箱框架采用HDPE管，网箱周长40米，直径13米，深6米，网衣为聚乙烯无节网，网线50股，网目规格5厘米。

养殖的大黄鱼鱼种购买前一年春季全人工培育的鱼苗，经过一年的培养，到5—6月时，挑选体重150～200克鱼种投放至网箱中。2018年6月，养殖大黄鱼网箱18个，每个网箱投放鱼种10 000尾。经过8个月的养殖平均重量0.5千克，最大个体0.8千克以上，成活率达81.22%，收获总重量73 100千克。收获情况见表4-5。

表4-5 大黄鱼收获情况

收获时间	饲养时间	产出尾数（万尾）	商品鱼规格（千克/尾）	产出（千克）	成活率（%）	价格（元/千克）
2019年1月	8个月	14.62	0.50	73 100	81.22	80

三、养殖效益分析

2018年大黄鱼养殖成本与收入核算及经济效益结果如表4-6所示。

表4-6 养殖效益情况分析

总收入（万元）	成本（万元）				盈利（万元）	投入与产出比
	苗种	饵料	其他（设备折旧、人工、水电、燃油费等）	合计		
584.80	108	192.78	95.00	395.78	189.02	1∶1.48

四、经验和心得

（1）在朱家尖西岙海域，诸岛相连构成了一个天然屏障，能够抵御南北的大风；网箱养殖区位于几座小岛间，海水相对较湍急，潮流顺畅，饵料丰富、无污染，为大黄鱼养殖提供了理想的自然条件。

（2）抗风浪深水网箱养殖与传统小网箱比较具有省工、管理方便、水流畅通，鱼的活动范围大、生长快速，鱼的品质较好和价格较高等诸多优点。

（3）在整个养殖期间，病害发生较少，特别是夏季寄生虫高发期，周围附近海区小网箱发病率、死亡率较高，而深水大网箱却较少发生疾病，鱼种死亡一般是由于大潮水水流较急时鱼体擦伤引起。

（4）养殖大黄鱼的适宜水温不能低于 13℃，低于 13℃时大黄鱼就会减少进食，而水温低于 8℃时大黄鱼就会死亡。该海区冬季表层水温常降到 6℃以下，大黄鱼就面临低温威胁，所以每到 12 月至第二年 1 月就要全部捞上来出售。

五、上市和营销

该公司大部分大黄鱼产品批发出售给水产批发市场；小部分经真空包装成礼品装销售给企业作为年货（图 4-5）；近年来还通过与电商合作进行销售。

图 4-5　大黄鱼真空包装制作

第三节 舟山连岸式围网绿色高效养殖实例

一、基本信息

养殖基地始建于2014年，位于浙江省舟山市普陀区桃花镇老埠头海域，拥有海域面积21.4公顷，基地建设运营单位为舟山海大中源海洋科技有限公司。该公司是一家以海洋养殖设施开发、海水养殖、海洋休闲渔业等为主营业务的科技型海洋养殖企业。基地分三期进行高端生态围栏养殖工程建设，目前已完成两期围栏建设。一期工程采用“连岸式大型围栏工程技术”，始建于2015年5月，2016年6月完成全部工程建设，工程总投资约520万元，围栏海域面积84.2亩，有效养殖水体20万米^3。一期围栏工程成功地进行了试验性养殖，解决了大黄鱼自然环境下的越冬、投喂、起捕等关键问题，养殖品质得到市场高度认可，曾创下7尾鱼售价4 000元的良好记录。二期围栏工程采用“双桩柔性围网工程技术”，始建于2017年8月，2018年5月完成全部工程建设，工程总投资约1 200万元，围栏海域面积70.9亩，有效养殖水体54万米^3。二期工程建成后与一期工程合并，形成总面积155.1亩、有效养殖水体74万米^{3}的超大型围栏养殖基地，是舟山市第一个浅海大型高端生态围栏养殖工程技术产业化应用示范基地，成为海洋生态养殖模式创新的示范样板，推动了舟山地方海洋养殖产业转型升级与创新发展（图4-6）。

二、放养与收获情况

舟山桃花岛围网养殖基地建成后，以大黄鱼为例，设计可放养

图 4-6　舟山桃花镇老埠头海域围网养殖基地

容量为 37 万～74 万尾（平均放养密度 0.5～1.0 尾/米^3）。2018 年 6 月，基地投放 200～250 克的大黄鱼苗 20 万尾。全程投喂大黄鱼专用颗粒饲料，每日投喂 2 次，每次投喂量按鱼总重量的 0.5%投喂，实际投喂根据当时的摄食情况灵活调整。2018 年 11—12 月，小规模起捕约 24 300 尾，平均重量 493 克，剩余部分继续进行越冬养殖。

三、养殖效益分析

养殖成本主要包括海域使用费、围网工程折旧费、苗种费、饲料费、人工费、水电费、运输费、工程维护费等。与传统的网箱养殖和部分围网养殖在年底集中起捕销售的方式不同，该基地的围网养殖采用集中投喂、分段起捕、分批销售的生产与营销模式，养殖销售可以做到全年供应，鱼的销售价格随着养殖时间的增加不断变化，销售价格从 2018 年底的 120 元/千克提升到 2019 年 6 月的 360 元/千克，而且销售量变化不一，故此处仅做成本分析（2018 年 6

月至2019年6月)，不做效益分析（表4-7）。

表4-7 养殖成本分析（万元）

苗种	饵料	人工	水电	运输	海域使用	工程维护	工程折旧	合计
175	88	26	0.6	7.8	5	22	120	444.4

四、经验和心得

围网养殖是一种高端化的生态养殖模式，但一定要注重养殖的生态性，严格控制放养密度。

养殖投喂尽量避免采用小杂鱼，它们容易导致海域污染，建议采用浮性颗粒饲料，并且根据养殖海区的潮流、地形、鱼群集聚位置等特点，选择适宜的投放点，并根据摄食情况，灵活调整投喂量。由于围网养殖放养总量大，建议增加设置投喂点，或者扩大投喂范围。大黄鱼对光照敏感，养殖投喂时间最好在日出前和黄昏后。养殖海域应该有较好的天然缓流区或人工营造缓流区，不受潮流的影响，便于定时定点进行投喂。

围网养殖追求养殖的生态性和品质的高端化，大黄鱼养殖投喂量可根据情况逐渐减少，使大黄鱼处于半饥饿状态，促使其自主觅食围栏区域内的天然食物，提高大黄鱼的食物来源的天然性和多样性，提高大黄鱼的自然免疫力和品质，实现大黄鱼的野化养殖。

五、上市和营销

围网养殖区别于网箱养殖，桃花岛围网养殖基地的大黄鱼上市时间为全年，采用订单式销售模式，根据订单情况，每周集中起捕1～2次，集中配送销售，确保全年供货，尤其是在禁渔期保证商品规格的大黄鱼持续供货，最大限度地实现围栏养殖的销售效益。

第四节　台州大陈岛围网绿色高效养殖实例

一、基本信息

大陈黄鱼产自素有“东海明珠”美誉的浙江省台州市椒江区大陈岛海域。大陈岛地理坐标为东经 121°44′55″—121°55′10″、北纬 28°23′24″—28°37′02″，是台州市椒江区东南沿海的外侧岛屿。该围网养殖基地位于大陈黄鱼主导产品示范区的核心区内，形状呈圆形，内圈围网半径 60 米，周长 377 米，有效养殖面积 11 300 米^2，最低潮时有效养殖水体面积为 45 000 米^2。围网由内、外两圈组成，内圈的柱桩为钢筋混凝土桩，每根柱桩直径为 50 厘米，由 96 根柱桩呈圆形打入海底（间距均匀），每 2 根柱桩之间用独立铜网片相连，共 95 片相围而成；外圈为铁管桩，由 88 根直径为 32.5 厘米和 8 根直径为 62.5 厘米的铁管呈圆形打入海底（间距均匀），形成外围防撞圈。钢筋混凝土、铁管桩总长 22 米，用打桩机直接打入海底 9 米深，上层预留 13 米。内圈网衣由铜合金编织网与超高强聚乙烯网衣连接组成，外圈防护网为超高分子量聚乙烯网衣（图 4-7）。基地配备了养殖专业码头、制冰厂等配套设施。

图 4-7　台州大陈岛海域围网养殖基地

二、放养与收获情况

从福建宁德购入平均规格为300克/尾的鱼种38万尾，于2017年6月用活水船运抵基地放养，运输成活率95%。每立方米水体放养鱼种8尾，经7个月的养殖，成活率70%，共收获大黄鱼150 000千克。收获情况见表4-8。

表4-8 大黄鱼收获情况

收获时间	饲养时间	产出尾数（万尾）	商品鱼规格（千克/尾）	产出（千克）	成活率（%）	价格（元/千克）
2017年12月	7个月	25	0.60	150 000	70	90.2

三、养殖效益分析

2017年大黄鱼养殖成本与收入核算及经济效益结果如表4-9所示。

表4-9 养殖效益情况分析

总收入（万元）	成本（万元）				盈利（万元）	投入与产出比
	苗种	饵料	其他（设备折旧、人工、水电、燃油费等）	合计		
1 353	133	223	585.3	941.3	411.7	1∶1.44

四、经验和心得

（1）用铜网衣围海，面积可达上万平方米，大黄鱼的活动空间大，模拟野外生态环境，造就了大黄鱼的体形、肌肉结构等明显优于普通网箱和深水网箱，肉质能与野生大黄鱼相媲美。

（2）抗风浪能力比深水网箱强。铜合金网衣上没有任何附着物，水流阻力小，因而大大地提高了抗风浪能力。而且在大风大浪中养殖容积几乎没有变化，不会因网衣漂移造成大黄鱼鱼体擦伤而引发细菌性或弧菌等病害，减少发病率。

（3）养殖过程中大黄鱼发病死亡率得到有效控制。铜合金具有天然的抗寄生虫能力和抗附着能力，特别是大陈海区易发生本尼登虫病，每年因该病而死亡的比例达到7%～10%，而铜网衣围海养殖的大黄鱼几乎不会发生该病，因此大大提高养殖成活率，也使防治的药物使用量大为减少，从而使铜网衣养殖的大黄鱼体表更完美，品质更优良。

（4）减少养殖过程中饲料用量。因为网衣没有任何附着物且网眼较大，多种海洋小型鱼类不断地进入围网内成为大黄鱼的天然饵料，成为真正意义上的生态养殖模式，不但可提高养殖品质，还可减少饲料的投喂量，可谓一举两得。

（5）减少养殖用工数量，降低养殖成本。根据福建等地区普通围网经验，养殖同等数量的鱼，铜网衣围海用工量只是普通网箱的一半，人力成本明显减少。

（6）发展潜力比深水网箱大。深水抗风浪网箱养殖水域要求高，水深要达到8米以上，而围海基地只要水深在4米以上就可以，海区选择范围相对较广。

五、上市和营销

大陈黄鱼是大陈岛地理标志产品，凭着过硬质量在多次农业博览会和渔业博览会中获奖（彩图49）。和其他养殖大黄鱼相比，大陈黄鱼具有体色鲜艳、尾柄修长、唇底鲜红、肌肉结构紧密且呈明显的蒜瓣状、肉质细嫩、肉味鲜美且无腥味的优点，一直以来都有着较高的市场占有率，深受北京、上海、杭州、宁波、温州及台州各地消费者的喜爱，已进入上海绿波廊酒店，专门用于招待各国元首，同时作为大陈的礼品成为海峡两岸交流的纽带（彩图50）。

近年来，结合椒江古城的开发和多彩大陈文化的挖掘，当地政

府先后在椒江城区举办了黄鱼烹饪大赛、黄鱼宴、黄鱼节晚会、中国大黄鱼文化节等活动，密切结合大陈黄鱼的产业优势，弘扬当地的民俗和文化，以文化丰富产业的内涵。当地政府还依托海上围海养殖设施的景观，开展“农旅结合”的发展模式，将大陈岛铜合金围海养殖基地的资源与旅游业结合，开辟海鲜采食、海上观光、养殖体验等渔业休闲活动项目，借助旅游增长活力，提高了知名度，增加了当地渔民收入，实现了产业融合（彩图 51）。

附　录　大黄鱼优秀生产企业及参编单位介绍

一、优秀生产企业介绍

（一）福建福鼎海鸥水产食品有限公司

福建福鼎海鸥水产食品有限公司成立于1993年7月，现注册资本约5 882万元，为农业产业化级国家级重点龙头企业，进入“2019福建省民营企业100强”“2019福建省民营企业制造业50强”，是一家集水产育苗、养殖、加工、销售、自营进出口于一体的外向型民营企业，年加工水产品能力超过3万吨，年产值超过10亿元（彩图52、彩图53）。

公司注重科技研发，设有科学技术部批准建设的大黄鱼育种国

福建海鸥集团总部

家重点实验室，拥有国家级福建省官井洋大黄鱼原种场，设有省级福建省大黄鱼加工企业工程技术研究中心、福建省大黄鱼企业重点实验室。

（二）宁德市金盛水产有限公司

宁德市金盛水产有限公司成立于2000年5月，坐落于福建省宁德市蕉城区二都上村，是一家集水产品育苗、养殖、加工、冷藏和销售于一体的外向型出口创汇重点龙头企业，也是农业产业化国家级重点龙头企业。公司现有员工600多人。公司总占地面积50亩，现有固定资产1亿元，拥有一座容量8 000吨的现代化冷库和20 000米^{2}的现代化标准加工车间，配备了先进的水产品精深加工专业生产设备，年可加工水产品28 000吨。目前公司主要产品有海捕冻品系列、烤鳗系列、大黄鱼系列、鱼片寿司（鲈鱼、真鲷）系列等。2019年公司产量达27 000多吨，产值达11亿元，出口创汇1.4亿美元。

品牌知名度和美誉度的不断提升使得公司的品牌及产品在国内市场上得到广大商家、消费者的认可，从而也不断地扩大了产品的市场占有率。目前公司产品不仅畅销国内大中城市，并与各大商超如沃尔玛、新华都、永辉、大润发、家乐福、天虹、华润万家、北京华联等达成了长期战略伙伴关系；同时，公司产品全线入驻京东、中粮我买网、本来生活网、天猫商城、顺丰优选、易果生鲜、

宁德市金盛水产有限公司总部

一号店等电商平台。公司产品也远销美国、加拿大、韩国、日本等国家以及中国台湾和香港地区。

（三）福建三都澳食品有限公司

福建三都澳食品有限公司是集水产科研、育苗、养殖、捕捞、加工、冷链物流、国内国际贸易于一体的全产业链综合性企业，是农业产业化国家级重点龙头企业、福建省十佳海洋龙头企业、福建省水产产业化龙头企业，地处全国最大的大黄鱼养殖基地——福建宁德三都澳。

公司依托三都澳优质的水域环境和丰富的水产资源，结合关联企业——宁德市官井洋大黄鱼养殖有限公司（全国现代渔业种业示范场、福建省农业产业化省级重点龙头企业）长期以来积累了丰富的水产研究、育苗、养殖经验。现拥有大黄鱼遗传育种研究中心1个，省级大黄鱼良种场1座，海水养殖基地5个，滩涂养殖基地、香鱼（淡水）养殖基地各1个。其中大黄鱼、真鲷、鲈等养殖产品通过中国有机产品认证。

该公司秉承“依托先进科技，倡导绿色健康，服务全球市场”的经营理念，致力于海洋“菜篮子工程”的开发。“威尔斯”系列水产品外销欧洲、美国、加拿大、澳大利亚、日本、韩国等三十几个国家和地区；内销国内各个大城市，并通过电商销售，走进千家万户，深受广大客户的青睐。为了增强企业核心竞争力，提升企业的经营管理能力，该公司积极实施人才战略，注重人才队伍的建设，现已形成一支集研发、品管、生产、电商、销售贸易于一体的员工队伍，构建了集水产科研、育苗、养殖、加工、冷链物流、自营进出口于一体的产业格局。

为充分利用三都澳天然良港优势，抓好产业链延伸至仓储物流业，公司在交通便捷的飞鸾高速口附近组建了福建三都澳物流有限公司，占地面积62亩，建设冷藏库34 000余平方米，能存储冷冻产品5万吨，年冷藏周转量可达30万吨以上。

公司坚持“科学、创新、高效、责任”的信念，汇集一流人才，吸收先进技术，集中优势资源，立足国内，面向全球化市场，创优质，求高效，以专业化优势，引领产业新思维，构建健康水产食品新世界。

福建三都澳食品有限公司总部

（四）台州市椒江汇鑫元现代渔业有限公司

台州市椒江汇鑫元现代渔业有限公司成立于 2015 年，注册资本为 1 500 万元。主要从事水产养殖，水产苗种生产；海洋捕捞服务；初级水产品收购、速冻冷藏、加工、销售；渔业生产设计施工、研发、制造；渔业生产技术咨询服务；渔业生产环境的调查研究；渔业休闲观光服务；市场设施经营及场地租赁等渔业生产相关的业务。

公司拥有周长 750 米的超大型铜合金围网养殖基地，是目前浙江最大的离岸养殖设施，大黄鱼年产量超过 600 吨。拥有 4 个专业水产品生产加工车间、1 个水产品研发检验中心和 3 处养殖基地。

（五）台州市大陈岛养殖有限公司

台州市大陈岛养殖有限公司专业从事水产苗种生产，海水养殖，水产品冷藏、加工、销售等业务，公司成立于 2002 年，注册资本 1 785.71 万元，现有固定资产 4 000 多万元，其中育苗、加工占地面积 37 亩，海水养殖面积 32.52 公顷，下辖大陈岛大黄鱼养殖基地、沙埕大黄鱼苗种培育基地、沿浦大黄鱼种苗繁育场、椒江

台州市椒江汇鑫元现代渔业有限公司养殖基地

大黄鱼物流加工配送中心 4 个生产部门。公司拥有正式员工 113 人，其中本科以上学历占 39%，硕士以上 9 人，平均年龄 38 岁。

经过 10 多年的发展，公司已发展出集大黄鱼育苗、养殖、加工、销售于一体的大黄鱼全产业链营运模式，也是目前浙江省规模最大的网箱养殖企业、大黄鱼出品基地，也是国家无公害产品生产基地、农业农村部高效水产养殖示范基地。2019 年公司大黄鱼养殖产量实现 1 150 吨，产值 9 000 万元。

公司养殖的“一江山岛”牌大黄鱼生长在大陈岛外侧海域，优越的水质、原生态的放养方式铸就了海洋水产中的名品，产出的大黄鱼体形匀称、色泽鲜艳、肉质无泥腥味并呈蒜瓣状，一直以来受到消费者追捧，该产品已通过无公害产品认证和有机产品认证，被评为浙江名牌，并连续多次获得浙江省农业博览会金奖。

公司以“诚信、守法、开拓、创新”为宗旨，始终坚持“诚信为本、信誉创业”的质量方针，强化新产品的质量管理和研发，结合公司现有主营业务和发展战略规划，围绕大黄鱼海水养殖产业流程，规范、统一地建立公司经营管理架构。

台州大陈岛养殖股份有限公司总部

二、参编单位及编委

1. 中国水产科学研究院东海水产研究所：宋炜、王鲁民、郑汉丰、马凌波、曹平、李新苍、甘武、王武卿、王磊、刘永利

2. 宁德市生产力促进中心：谢伟铭

3. 宁德市水产技术推广站：刘家富、刘招坤

4. 中国水产科学研究院黄海水产研究所：关长涛、徐永江

5. 中国水产科学研究院渔业机械仪器研究所：谢正丽

6. 台州市椒江区农业农村和水利局：应勇、陈恒

7. 浙江海洋大学：桂福坤

8. 厦门大学：徐鹏、吴怡迪

9. 宁德市富发水产有限公司：陈佳、郑炜强

10. 宁德市鼎诚水产有限公司：黄伟卿

11. 中国渔业协会大黄鱼分会：韩承义

12. 福建省闽东水产研究所：王兴春
13. 华东理工大学：王启要
14. 舟山施诺海洋科技有限公司：施继军
15. 台州市椒江汇鑫元现代渔业有限公司：周海华
16. 台州市大陈岛养殖有限公司：俞淳、陈志鹏
17. 台州市恒胜水产养殖专业合作社：茅兆正

参 考 文 献

陈清潮，1964. 中华哲水蚤的繁殖、性比率和个体大小的研究［J］. 海洋与湖沼，6（3）：272-288.

池洪树，龚晖，柯翎，等，2014. 刺激隐核虫在褐牙鲆上的传代及其生活史观察［J］. 广东农业科学，41（10）：98-101.

丁雪燕，何中央，何丰，等，2006. 大黄鱼膨化和湿软饲料的饲喂效果［J］. 宁波大学学报（理工版），19（1）：49-53.

冯晓宇，丁玉庭，郑岳夫，2006. 大黄鱼低沉性配合饲料养殖试验［J］. 浙江海洋学院学报（自然科学版），25（2）：143-153.

何志刚，艾庆辉，麦康森，2010. 大黄鱼营养需求研究进展［J］. 饲料工业，31（24）：56-59.

黄殿盛，2016. 基于核糖体序列的眼点淀粉卵甲藻和刺激隐核虫的分类学分析与检测［D］. 福州：福建农林大学.

李明云，苗亮，2014. 大黄鱼"东海1号"［J］. 中国水产，5：46-48.

刘家富，2013. 大黄鱼养殖与生物学［M］. 厦门：厦门大学出版社.

施晓峰，2013. 三种重要海洋经济鱼类遗传多样性及遗传结构特性研究［D］. 厦门：厦门大学.

田明诚，徐恭昭，余日秀，1962. 大黄鱼形态特征的地理变异与地理种群问题［J］. 海洋科学集刊，2：79-97.

徐恭昭，罗秉征，王可玲，1962. 大黄鱼种群结构的地理变异［J］. 海洋科学集刊，2：98-109.

徐兆礼，陈佳杰，2011. 东黄海大黄鱼洄游路线的研究［J］. 水产学报，35（3）：429-437.

徐兆礼，2018. 官井洋野生大黄鱼繁殖水域资源与环境特征［M］. 北京：海洋出版社.

熊国强，许成玉，1990. 上海鱼类志［M］. 上海：上海科学技术出版社.

游岚，1997. 大黄鱼人工繁殖和育苗技术要点［J］. 水产科技情报，6：263-264.

俞逊，2010. 大黄鱼“闽优1号”通过省级水产原良种评审［J］. 现代渔业信息，25（11）：28.

张春晓，麦康森，艾庆辉，等，2008. 饲料中添加肽聚糖对大黄鱼生长和非特异性免疫力的影响［J］. 水产学报，32（3）：411-416.

张其永，洪万树，杨圣云，等，2011. 大黄鱼地理种群划分的探讨［J］. 现代渔业信息，26（2）：3-8.

张立修，毕定邦，1990. 浙江当代渔业史［M］. 杭州：浙江科学技术出版社.

张璐，麦康森，艾庆辉，等，2006. 饲料中添加植酸酶和非淀粉多糖酶对大黄鱼生长和消化酶活性的影响［J］. 中国海洋大学学报，36（6）：923-928.

张秋华，程家骅，徐汉祥，等，2007. 东海区渔业资源及其可持续利用［M］. 上海：复旦大学出版社.

朱元鼎，张春霖，成庆泰，1963. 东海鱼类志［M］. 北京：科学出版社.

中国科学院海洋研究所，1959. 大黄鱼种族问题的初步研究［J］. 科学通报，20：697.

中国预防医学科学院营养与食品卫生研究所，1991. 食品成分表（全国分省值）［M］. 北京：人民卫生出版社.

Ai Q，Mai K，Tan B，et al.，2006. Replacement of fish meal by meat and bone meal in diets for large yellow croaker，*Pseudosciaena crocea*［J］. Aquaculture，260（1-4）：255-263.

Chen S，Su Y，Hong W，2018. Aquaculture of the large yellow croaker. In Aquaculture in China：Success Stories and Modern Trends［M］. Oxford：John Wiley & Sons.

图书在版编目（CIP）数据

大黄鱼绿色高效养殖技术与实例 / 农业农村部渔业渔政管理局组编；宋炜主编．—北京：中国农业出版社，2021.4

（水产养殖业绿色发展技术丛书）

ISBN 978-7-109-28179-0

Ⅰ.①大… Ⅱ.①农… ②宋… Ⅲ.①大黄鱼－海水养殖 Ⅳ.①S965.322

中国版本图书馆CIP数据核字（2021）第075472号

中国农业出版社出版

地址：北京市朝阳区麦子店街18号楼

邮编：100125

策划编辑：郑 珂 王金环

责任编辑：王金环

版式设计：王 晨 责任校对：吴丽婷

印刷：中农印务有限公司

版次：2021年4月第1版

印次：2021年4月北京第1次印刷

发行：新华书店北京发行所

开本：880mm×1230mm 1/32

印张：6.5 插页：8

字数：220千字

定价：48.00元

彩图1　冰鲜大黄鱼

彩图2　大黄鱼宴席

彩图3　锦绣黄鱼全家福

彩图4　龙井茶香酱黄鱼

彩图5　豆豉焖黄鱼

彩图6　渔家酱黄鱼

彩图7　黄鱼肉松卷

彩图8　怀旧黄鱼松

彩图9　国色天香黄鱼球

彩图10　黄鱼肚腩烧雪菜

彩图11　手撕黄鱼鲞

彩图12　舌尖上的大黄鱼

彩图13　清汤黄鱼狮子头

彩图14　鲜嫩滑口黄鱼羹

彩图15　老酒黄鱼头伴胶

彩图16　香脆黄鱼响铃卷

彩图17　原味蟹汁浸黄鱼

彩图18　特色黄鱼四喜饺

彩图19　台州东海黄鱼饭

彩图20　家烧黄鱼年糕

彩图21　水晶黄鱼冻

彩图22　铁皮石斛蒸黄鱼

彩图23　响油大黄鱼

彩图24　蜜瓜糖醋鱼

彩图25　红焖黄瓜鱼

彩图26　黄鱼鲞

彩图27 年糕烧大黄鱼

彩图28 机动大围网——大黄鱼歼灭性围捕

彩图29　大黄鱼育种国家重点实验室成立仪式

彩图30　大陈岛风光

彩图31　大陈黄鱼

彩图32　互联网＋大黄鱼节暨第三届中国大黄鱼产业发展论坛

彩图33　国内首座单柱式半潜深海大型渔场“海峡1号”

彩图34　夜间起捕大黄鱼

彩图35　筛选大黄鱼受精卵

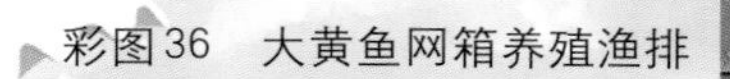

彩图36　大黄鱼网箱养殖渔排

彩图37　冰水中浸泡刚起捕的大黄鱼

彩图38　常见的海水养殖模式

A. 围塘养殖　B. 近岸网箱养殖　C. 深水网箱养殖　D. 浅海围网养殖

彩图39　八边形围网养殖设施

彩图40　圆形围网养殖设施

彩图41　长方形围网养殖设施

彩图42　正方形围网养殖设施

彩图43　连岸式围网养殖设施

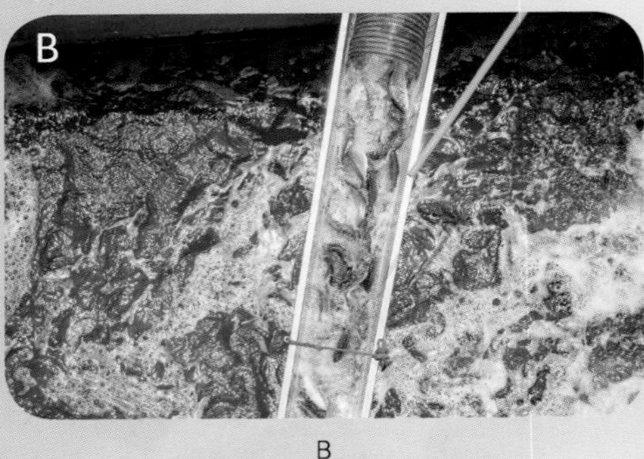

A　　　　B

彩图44　大黄鱼鱼种的投放

A. 鱼种活水运输船　B. 鱼种投放通道

彩图45　围网大黄鱼的起捕

彩图46　围网养殖大黄鱼商品鱼

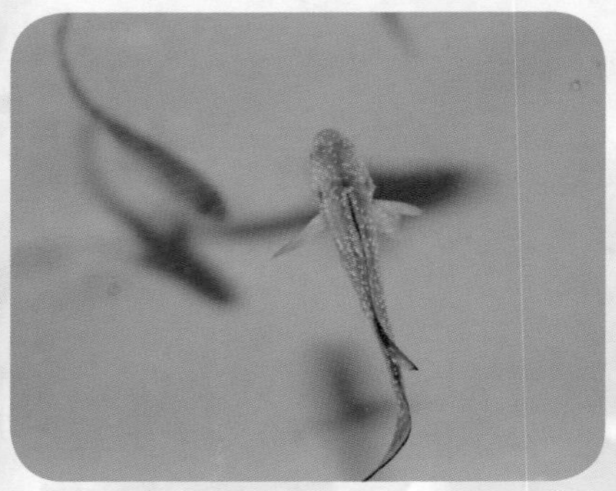

彩图47　感染刺激隐核虫的大黄鱼

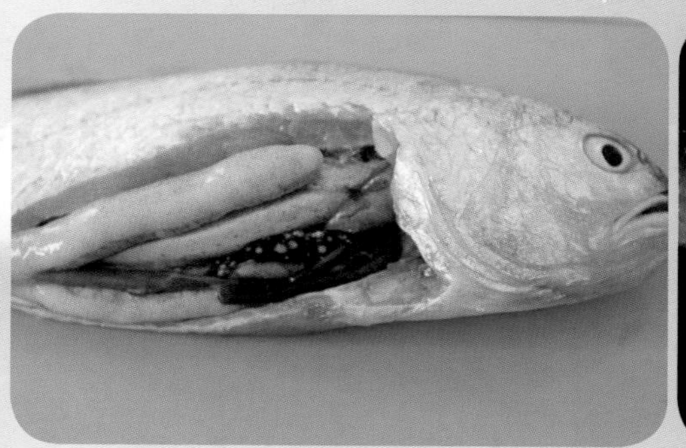
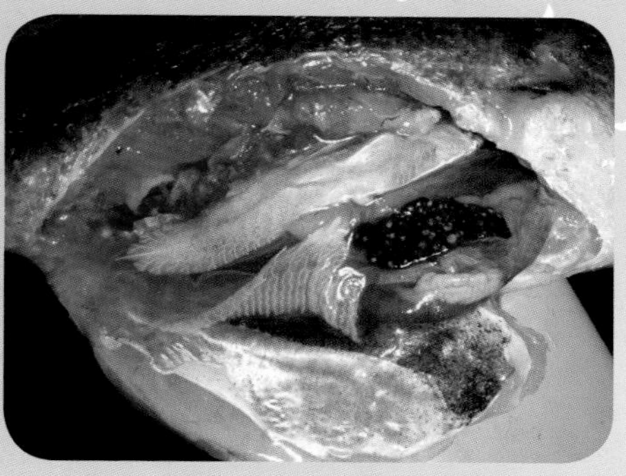

彩图48　感染内脏白点病的大黄鱼

彩图49　2017年浙江省农业博览会上的大陈黄鱼馆

彩图50　2017年浙江省农业博览会上的大陈黄鱼

彩图51　大陈岛海上养殖区

彩图52　福建海鸥集团大黄鱼养殖塑胶渔排

彩图53　福建海鸥集团大黄鱼加工车间